THE BUSINESS OF INTERIOR DESIGN

室內設計公司
創業計劃書

12 個計劃，
42 個經營要項，
step by step
帶你成功開業

i室設圈｜漂亮家居編輯部

目錄 contents

創業九宮格

創業九宮格將室內設計公司創業拆解成九大元素關鍵夥伴、關鍵活動、核心資源、價值主張、客戶關係、通路、客戶區隔、成本結構、收入來源等藉此審視創業所需，以下是其代表意義：

關鍵夥伴：誰能幫你？

關鍵活動：你做哪些事？

核心資源：你是誰？你擁有什麼？

價值主張：你如何幫助（顧客）？

客戶關係：你如何（與顧客）互動？

通路：別人如何知道你？你透過何種方式服務？

客戶區隔：你的客戶是哪些人？

成本結構：你要付出什麼？

收入來源：你會獲得什麼？

本書除了可以依照創業順序閱讀，也可針對自我問題所需直接對焦。

關鍵夥伴 (Key Partner)	關鍵活動 (Key Activity)	價值主張 (Value Proposition)	客戶關係 (Customer Relation)	客戶區隔 (Customer Segment)
Project 1 盤點自我資源 P9	Project 5 制定營運流程 P71 Project 7 提案簡報、繪圖 軟體技術 P97 Project 8 資料庫建立 P107 Project 10 專案控管 P137	Project 12 品牌創建與經營 P171	Project 6 接案、報價、 收款技巧 P85	Project 11 行銷規劃與操作 P153
	核心資源 (Key Resource) Project 2 了解營業登記 P25 Project 3 室內設計證照與 法規 P41		通路 (Channel) Project Plus 因應擴編與成長 P185	

成本結構 (Cost Structure)	收入來源 (Revenue Stream)
Project 4 估算設計公司開業費用 P55 Project 9 財務系統建立 P119	Project 6 接案、報價、收款技巧 P85

設計公司諮詢

知域設計 × 一己空間制作
02-2552-0208

木介空間設計
06-298-8376

二三國際有限公司（二三設計）
02-8780-5423

爾聲空間設計
02-2518-1058

**呈境室內裝修設計有限公司
（呈境設計）**
02-8773-6208

綵韻室內設計 / 京采室內裝修工程
03-427-0878

TYarchistudio
07-359-2157

演拓設計
02-2766-2589

大雄設計
02-2658-7585

專家諮詢

**i 室設圈｜漂亮家居總編輯
張麗寶**

**實踐大學室內設計講師
陳鎔**

**實踐大學室內設計講師
劉宜維**

**社團法人台灣設計菁英協會副理事長
郭珮汝**

**萬騰聯合會計師事務所會計師
莊世金**

（依章節露出順序排列）

1

盤點自我資源

為了設計公司能夠順利開展，避免才開業沒多久就撐不下去，事前的準備可是相當重要，而開設計公司之前，一定要先盤點手邊有多少人、錢和案源，這關係到公司經營的能力、設計風格的形成、業務的型態、接案的區域範圍等，藉此分析盤整出差異化的優勢，穩建創業基礎。

重點提示

 Part1　**案源在哪裡。**案源是設計師創業的關鍵，也是公司經營的命脈，對初創階段而言，應先從舊識關係帶入案源，進而以口碑引來新客。詳見 P12

 Part2　**工程管理能力。**固定工班配合與否，取決於公司發展階段、業務型態和目標市場等，而工班團隊的優劣又影響落地的成效和公司毛利，擁有固定合作工班，一開局就能搶奪先機。詳見 P15

 Part3　**合作夥伴的選擇。**設計公司低成本、低設備、低人力的特性，使設計師一人也可獨資成立公司，但新世代已有打群架走向合夥的趨勢，分析合作夥伴形式，找到最適合自己的方式。詳見 P19

 Part4　**團隊整合能力。**室內設計是腦力與勞力密集的產業，設計師必須具備團隊整合能力，而且隨著公司規模發展而調整組織，才有永續經營的戰力。詳見 P22

怎麼會這樣？

小明曾在室內設計公司歷練五年，也勤跑工程現場，同時累積不少客戶的信任，加上妻子學財務出身，按理說經營一家設計公司並不難，但沒想到案源後繼無力，好不容易找來的設計師離開又帶走客戶？公司缺錢缺人怎麼生存？

專家應援團出馬

i 室設圈｜漂亮家居總編輯　張麗寶

1 高預算案源未必比低預算好。創業初期無法挑案，接到高預算的豪宅案，雖然心喜，但若是承作大案的資源及能力不足，又遇上業主態度百般挑剔，有時未必是好生意，還不如縮小預算規模，不但工期短，客人也願意聽從設計師的意見也較快速累積作品，別忘了！設計師行銷自己，永遠是作品，且積沙成塔的營業額不可小覷。

2 設計師須具備工程實務經驗。不論工程採取哪一種發包方式，設計師須負起碼的監管之責，因此室內設計師的工程現場經驗很重要，包括材料特性、施作工法、工程順序、設備安裝等環節都須有一定程度的了解，才能加以檢核與驗收，產出符合工程邏輯的好設計。

知域設計總監　劉啟全、陳韻如、方人凱

1 三人互補且可集結人脈。知域設計因為曾經共事的三人各有專長，故同在一起合夥創辦公司便有加乘效果。除了完備企業經營所需的不同專業，亦可擴大人脈引入案源，快速紮穩創業基礎。同時利於集結三人作品投稿媒體進行宣傳。

2 深耕舊客亦開發新源。知域設計以諮詢服務深得舊客戶的心，同時促成熟客口碑宣傳的效益。此外，亦致力於觸發更多空間的想像與需求，以開發潛在客群。如此多管齊下經營品牌，讓公司於邁入七周年之際，新舊客比例分別為三分之二及三分之一，有著多元且穩固的客群結構並持續茁壯。

案源在哪裡？

PART 1

照 著 做 一 定 會

POINT 1

透過親友舊識關係，以口碑帶來好生意

先有案源，才有底氣創業，因此在創業初期，務必先找關係帶入，包括周遭的親朋好友、前公司服務的舊客戶，透過情感連結和良好口碑所奠定的信任基礎，可延伸繼續合作的意願，或轉介其他客戶。比較特別的是，過去合作的上下游廠商也不可忽略，例如傢具公司，不忘在挑選裝飾軟件時留下名片，日後傢具老闆遇有室內設計需求的客戶就會加以轉介，間接帶來案源。

POINT 2

把握住宅設計的長工期，拉近客戶關係

掌握每一次的關係帶入，為業主創造獨到的價值，才會讓顧客一再回流或向人推薦，帶來源源不斷的客源。特別是住宅設計案，由於設計師必須近距離瞭解業主的生活作息和喜好，加上若採取一條龍式的服務，從設計到工程完工長達三個月至一年不等，更容易建立緊密互動的客戶關係。根據美國《哈佛商業評論》研究，爭取一位新客戶所花的成本是舊客戶的 5 倍，而一位滿意的舊客卻能帶來 8 筆的轉介生意。因此把握住宅設計的長工期，拉近客戶關係是設計公司於開業期能確保案源的方式。

POINT 3
指標性商空設計，口耳相傳吸引新客

商業空間設計案因有租金成本的壓力和開業時間的急迫性，一般工期較短，也未必含括工程，累計案件速度快，而且若能選擇特定產業，如地產、旅館、餐廳或醫院診所等，只要創意新穎，設計出指標個案，就能吸引大量媒體宣傳，爲業主帶來客源而提高收益，並且建立如同夥伴的關係，從此不僅可隨著業主大量宣傳或連鎖經營的發展而持續接案，在相關產業圈層也會造成口耳相傳，吸引新客自動上門。

POINT 4
以主動行銷帶入新客，並搭配舊客參觀實景

除了被動式的舊客回薦之外，亦可經由主動行銷帶入新客，包括自媒體經營、廣告投放或媒體報導等，但能否成功吸引到新客，決定於品牌定位、目標市場、產品特色和視覺包裝等，牽涉層面廣泛而複雜，不過，相對簡單而無預算的自媒體可先行運作，若有吸引而來的新客，可爭取舊客的同意，帶新客參觀實景裝修，藉以加強新客信心。

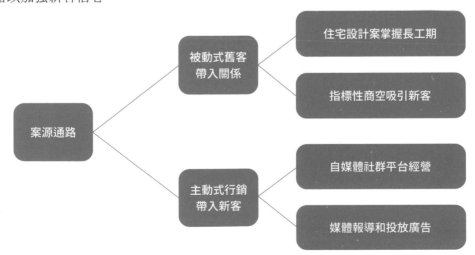

經營 Q&A

Q： 創業之初，一定要定位目標市場才開發案源嗎？

A： 室內設計的目標市場分為 B 端企業組織和 C 端消費大眾，這兩種目標市場提供的專業性和動用的資源有極大差異，若無法選擇與整合，會造成資源的分散，特別是創建初期資源有限，若能選擇其一為主軸，可集中火力開發案源。

Q： 來自親友的設計案若預算低又要求多，接不接？

A： 雖然生意要找關係，但客戶也會拉關係，親友常常有更多繁瑣細節的要求，容易衍生枝節，有時不接反而比接更好。然而在初創階段，仍應盡量把握關係，也許可導入下一個案源，因此不妨等到案量穩定後再做取捨。

Q： 剛創業不想靠關係介紹，有其他方法嗎？

A： 若擔心太多牽扯而捨棄舊有人脈，當然也可以陌生開發，以空間設計的產業特性，採取「代銷」路線，透過房屋銷售員收取佣金的方法，帶來第一筆生意，進而以口碑行銷打入圈層，啟動後續案源也是常見的方式。

經營專有名詞

B 端、C 端客群

一般企業品牌會將目標市場分為 B 端企業組織和 C 端消費者，而在室內設計界則以 B 端為商業空間設計、C 型為住宅設計的兩大業務型態；大陸則又有不同的習慣用語，將商業空間稱為工裝、住宅設計則為家裝。

圈層行銷

圈層為行銷用語，也就是將類似屬性的客戶圈聚在一起，故有不同圈層的劃分，以針對性的量身訂作行銷活動，進行客戶關係的互動與經營，甚至強化圈層的尊榮感，增進對產品的黏著度。

口碑行銷

透過好的設計案，可在業主的人脈圈層裡觸發口耳相傳的推薦效果，增進對產品的好感度和信任度，帶來新的案源，就如漣漪圈圈擴散的口碑效應，不斷引進新的顧客。

PART 2

工程管理能力

POINT 1
豐富的工程實務經驗

在開業尋找合作工班之前，室內設計師工程現場的實務經驗很重要，包括材料特性認知、施作工法、工程順序、設備安裝等環節，一定要親身體驗並且有一定的熟悉度，一般建議設計師在開業之前能在一間設計公司至少待三年以上，才能完整的學習到經營一間公司的全貌，也能接觸不同類型及尺度的設計案。第一年從設計＋工務開始學習，第二年則必須加深工地知識，並且能處理工地現場所發生的問題，第三年後具備獨立操作個案並有提案的能力，且在這段期間累積成熟的設計作品集，對日後開業從設計到落地才能徹底掌控。

POINT 2
創業仰賴口碑和案源，合作工班要謹慎評估

在創業初期，極需作品建立口碑，才能不斷引進案源，而設計要成功落地，必然仰賴工程品質，因此最好要有固定的工班配合，謹慎評估其服務態度、工程品質、工法細節、合理價格、所使用的材料是不是原廠符合法規等，特別是工班在業界的信譽，可作為合作的重點參考值。然而現在因為缺工，對於新創的設計公司來說確保固定工班相對不易，但工班的優劣不僅關係到落地的成效，也牽動著利潤、客戶後續評價，因此品質仍是第一優先。

POINT 3

全包所有工程再分包，發包價格低毛利高

工程有不同的發包方式，也各有優缺點，可依據是否有固定工班而加以選擇。從台灣多設計兼施工兼監管的業務型態，以及多定位在住宅設計的目標市場來看，工程為其中大項，也是主要的利潤來源，台灣設計公司如果有接工程的話，會將所有工程承包下來，再分項包給不同工種的工班（分包），其優點是可以找到各工種最厲害的工班，同時可取得較低的發包成本，賺取較好的利潤，但工程若有發生問題，須由設計公司負責。

POINT 4

純設計毋須負擔人力但分潤低

對於只想專注於設計，而不想負擔工程管理所產生大量的人力、物力，可以純設計不承包工程，但為了順利落地可以向業主推薦工程隊，再與其拆分利潤，雖然賺取的利潤較低，但仍可確保落地品質；或是可以與長期配合包工組成合作團隊，由其統包執行工程，對外仍以設計公司來承攬設計與工程，雖然統包利潤不如分包來得高，且需負工程監管責任但相對也不需要投注太多人力，不只可以讓同事更專注於設計，人力成本也跟著降低，至於工程就由配合包工統包負責。

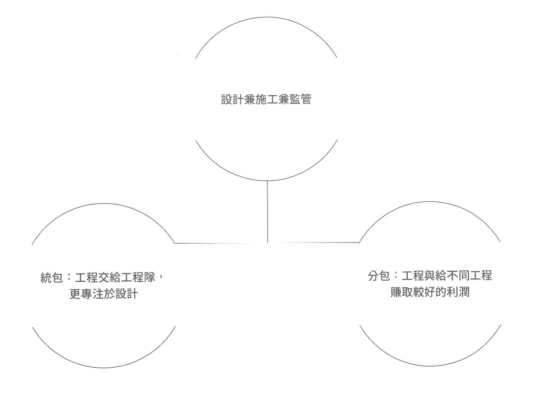

設計兼施工兼監管

統包：工程交給工程隊，
　　　更專注於設計

分包：工程與給不同工程
　　　賺取較好的利潤

經營 Q&A

Q：各地工班不同，異地接案要如何落實施工品質？

A：首先，設計師對於工法要能掌控，接著才思考是否透過節點的訓練方式，也就是將配合已久的工程隊送到異地，協助訓練在地的工程隊，雖然成本較高，但長遠來看，可因此組建專屬的工程隊，形成差異化，更受市場關注。

Q：下放權力給設計師發包工程，要如何落實管控？

A：隨著案量和員工不斷增加，或在異地設有分公司，經營者確實分身乏術，必須轉由主案設計師負責發包、採購和報價。不過在權力下放的同時，也要制訂毛利率作為績效考核標準，才能確保品質和毛利。

Q：公司只走純設計，遇到業主有工程需求怎麼辦？

A：工班的配合其實非常彈性，即使走純設計，有時為了能成功落地提高設計的能見度，可私下尋求與工班長期合作，或以統包方式向業主推薦。特別是異地工程，也可與有施作工程的設計公司組成策略聯盟，向業主加以推薦。

經營專有名詞

策略聯盟

在商業模式上，有時為了達成一個目標，必須在公司內部資源以外，再尋求外部企業的合作，才能創造自己的獨特優勢，而且也能為對方帶來拉抬的效果，是為實現某一目標而達成雙贏的夥伴關係，在宣傳上也可擴大媒體效應。

PART 3　合作夥伴的選擇

POINT 1
獨資創業形式最單純

室內設計公司的核心人物為設計師,因此在創業初期多選擇獨資,由個人負責經營風險,但也享受所有收益,創業形式最為單純;而如果設計師已經成家,也多會將財務管理和行政事務交由另一半管理(多半為妻子),二人一起為家為事業打拼。但隨著公司漸有規模之後,為因應多頭案源和組織管理,可再尋求不同專業的員工加入,以確保公司穩定成長。

POINT 2
以不同專長互補合資經營,快速擴展經營能量

基於台灣的室內設計公司多採取一條龍式的服務,因此也有針對不同專長而尋求互補的合夥關係,如分別主導最重要的設計和工程二大部門,或以住宅設計和商業空間為劃分,以各自擅長的領域強化專業服務,又可雙軌併行擴大接案來源。而除了從設計觀點發展的合夥關係之外,也有從經營角度思考而結合的夥伴,例如財務是強健企業體質的基石,品牌也是長遠發展的核心策略,可選擇與財務管理和品牌行銷的專業人才合作,藉此完備強大的經營能量。

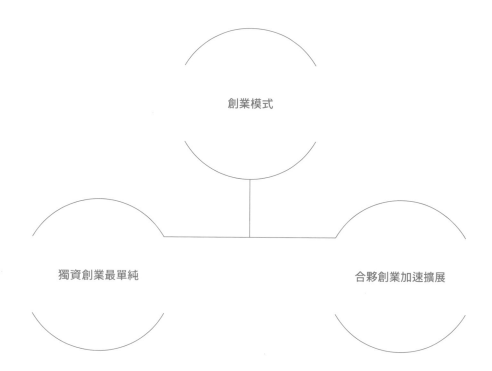

創業模式

獨資創業最單純

合夥創業加速擴展

POINT 3
明訂股權配比和分潤機制，保障合夥人權益

二人以上的合夥結構，都是採取共同出資經營、共負盈虧、共同分擔風險的模式，但往往只見一拍卽合的熱情相挺，卻未針對股權配比、分潤細節和退出機制制定規章。其實隨著公司規模擴大，一旦面臨組織結構調整、新舊人員融合和經營策略改變等，很可能因觀念落差而逐漸拉大距離，隨之而來的現實問題也就浮上檯面，因此在創業之初務必詳細規範合作條款，以保障公司和合夥人權益。

合資共營共享，也要提撥 10% 投入公司營運

開設室內設計公司的門檻不高，只要具備設計的專業就能開業，但也因爲是高度腦力密集的產業，無論資金投入和利潤分享，都應思考創新成長的能量，尤其合夥經營的模式，無非都是爲擴大經營規模而取得共識，年終獲利就更要有投資未來的長遠打算，應於利潤共享之餘，撥出 10% 投入公司營運，例如爲爭取「好設計」的接案策略，可犧牲利潤而予以墊補，如此一來，設計師也因得以發揮創意獲得成就感，而願意續留公司效力，具有育才和留才的誘因，同時減少離職員工帶走客源的可能性。

經營 Q&A

Q：合夥開設公司，若遇意見僵持不下如何解決？

A：合夥若有股權配比高低之分，當然就已經決定誰擁有最後的決策權。不過，多數公司都是兩人仝夥，這時可交由同樣扮演重要角色的第三人秉公裁決，如掌握公司財務大權的員工等；而若是三人合夥，採取投票即可立見決議。

經營專有名詞

股權配比

股權配比是創業的大學問，因股權分配比例會牽動長遠合作的意願，如何找到最佳的平衡點，必須透過談判訂出雙方可以接受的數字。但股權未必平均分配才算好，因關係到決策權和責任，爲避免意見不合有所僵持，造成決策緩慢，事前應決定大小比例。

分潤

分潤是指到了年終的利潤分配，而多數公司以爲年度結算後的利潤就是分別進到合夥經營者的口袋，但爲公司長遠發展最好拆分三大部分：一是經營者的個人紅利，二是鼓勵資深主管的紅利，三爲轉回公司運用投資。

PART 4　團隊整合能力

照 著 做 一 定 會

POINT 1
透視你的團隊整合能力

項目	問題	是 / 否	
1	你覺得自己很有親和力嗎？	□是	□否
2	和員工溝通，你會想瞭解他們對公司的想法嗎？	□是	□否
3	你鼓勵團隊成員遇到疑問時，找你一對一溝通嗎？	□是	□否
4	爲了幫助新進員工融入環境，你有設立團隊輔導的機制嗎？	□是	□否
5	爲了促進團隊對彼此的認識，你注重工作以外的聯誼活動嗎？	□是	□否
6	爲了提升設計品質，你會營造樂在工作的環境嗎？	□是	□否
7	設計師喜歡不受拘束，但你覺得設計需要管理嗎？	□是	□否
8	爲了促進團隊協作，你會打造相互學習的平台？	□是	□否
9	面對不成熟的想法，你會適時引導他們去尋找答案嗎？	□是	□否
10	爲了提升團隊協作的績效，你會協助他們準時完成工作嗎？	□是	□否
11	合作專案並非都一帆風順，你會鼓勵他們積極正向面對嗎？	□是	□否
12	當團隊有不同的立場和想法時，你覺得溝通清楚是重要關鍵？	□是	□否
13	爲了發揮創意，你會組建跨部門的多元團隊進行腦力激盪嗎？	□是	□否
14	爲了研發新的材質和設計手法，你會給予容許犯錯的環境嗎？	□是	□否
15	爲了讓設計師有發揮創意的成就感，你會犧牲利潤而接案嗎？	□是	□否
16	你會透過工作坊，讓員工參與目標的設定嗎？	□是	□否
17	爲了因應不同隊友的工作風格，你制訂策略會保有彈性嗎？	□是	□否
18	當公司面臨組織轉型時，你會耐心解決新舊交融的問題嗎？	□是	□否

完成測驗後，請計算你的分數。奇數題（1、3、5、7⋯⋯）勾選「是」得一分，勾選「否」則爲零分。偶數題（2、4、6、8⋯⋯）勾選「是」得二分，勾選「否」則爲零分。

如果你的分數整合爲

0 ～ 5 分	6 ～ 12 分
你不擅長溝通與協調，還是放棄整合團隊的念頭，改請副手協助吧。	雖然你還未完全具備整合團隊的能力，但只要加強學習，一定可以整合成功。

13 ～ 19 分	20 ～ 27 分
基本上，你已具備整合團隊的能力，欠缺的是系統的建立和方法的補強，繼續加油！	恭喜你！你已經可以有效整合團隊，只要持續運作，你的團隊一定會變得很強大。

POINT 2

良好的邏輯溝通表達力

爲因應台灣一條龍式的業務型態，在創業初期所採取的組織架構，也是由設計師從頭包到尾，包括商務洽談、概念發想、設計深化、發包施工、監工驗收到完工，甚至售後服務，設計師扮演主要的整合角色，在進行溝通協調時必須要有良好的邏輯思維，才能將想法確切表達出來，並解釋可能發生的問題，同時較能說服業主進而產生信任感，因此培養良好的邏輯及溝通力才能成爲獨當一面的經營者。

POINT 3

工班掌控能力

時間對業主或是設計公司都是重要的成本支出，拖延太長可能會影響其它案子的進度，同時浪費人力和時間成本，必須要估算出符合經濟效益的施工期並加以掌控。作爲主控者要能整合空間施工量來規劃時程，雖各工程的施工項目皆有所差異，但要能依照設計師及工班的習慣妥善安排裝修流程，並且進行有效溝通，才能達成公司結案交屋效率。

POINT 4
公司內部組織串聯能力

設計公司的組織結構分爲垂直與橫向，無論那個都各有優缺點，垂直路線雖以設計師爲核心，但相對團隊內的設計人才也較難出頭，有經驗的設計師常在三、五年後決定跳槽或自立門戶；而橫向的專業分工，雖可彼此合作，但也容易相互制衡，需要更多的心力與時間加以磨合，這時身爲經營者應該有串聯、統整能力，關注公司人才的需求，並且視發展規模、環境變化和策略目標而加以決斷、調整，才能不斷茁壯。

經營 Q&A

Q：工程業務比例較高，採取一條龍全包適合嗎？

A：一般創業初期，爲使設計案順利進行，大致採取一條龍的組織架構，但若公司在成立之初，案源卽偏重工程或工程金額較高，則建議獨立工務部和採發部，以免設計師對數字不夠敏感或工程流程不夠專業，而嚴重耗損公司利潤。

經營專有名詞

直向、橫向組織結構

直向組織結構是指設計師一人當責，從頭包到尾，橫向組織結構則爲團體作戰分項又分工。

2

了解營業登記

根據《公司法》相關規定，室內設計行業若要申請「室內裝修業登記證」，得依法檢附專業人員技術證，才能從事室內裝修設計或施工之業務，而在沒有證照的狀況下，設立公司的營業項目便僅能取得 E801010 室內裝潢業或 I503010 景觀、室內設計業。

重點提示

Part1　**成立設計公司須具備的資格。**根據營業項目，室內裝潢業與室內裝修業會有登記資格的差異，而專業人員技術證也可以檢附員工所屬。詳見 P28

Part2　**要開工作室（行號、商號）還是公司。**公司與行號（商號）為兩種不同型態的組織，依循不同的法律路徑、稅率也差很多，而且一旦選定公司或行號（商號），日後無法變更，建議仔細了解公司與行號（商號）的差別後，再決定適合的組織型態。詳見 P32

Part3　**營業登記必懂。**包含營業登記所需文件與流程，以及哪個環節須委託會計師事務所辦理。詳見 P36

怎麼會這樣？

小美剛離開一間室內設計公司想要自己創業開公司，對於是走工作室型態還是公司規模很疑惑，聽說營業項目又有分需要特許執照的類別，但是自己又沒有拿到建築物室內裝修技術人員登記證，這樣是不是沒辦法登記公司？

要成立工作室還是公司好？

可從業務導向作為評估，不希望擴大營業型態，經營工作室卽可，但如想承接大建設公司或是大型廠辦等客戶，成立公司爲佳。

實踐大學室內設計講師　劉宜維

1 要有承擔責任的態度。設立設計公司之前,應先擬定營運方向與目標,尤其裝修行為涉及繁雜,並非只要會畫圖即可,還得掌控現場施工狀況、確認選用建材是否合乎規範等,需高度承擔風險與責任,必須做好心理建設。

2 累積經驗以專業建立口碑。不論本科或是跨領域進入室內設計產業,工地實務的經驗累積十分重要,尤其面對老房子整修,還有基礎工程跟結構面等狀況,都須有相當經驗。除此之外,設計產業在材料或工法上不斷持續進化,設計師也要時時進修專業知識,建立良好的口碑。

木介空間設計總監　黃家祥

1 審慎挑選會計師事務所。建議可以請教身邊友人推薦、熟識的會計師事務所,專業的會計師事務所能根據個別狀態作判斷分析,甚至預想到未來公司的發展性。如果沒有管道認識,多諮詢幾家會計師事務所,就能大致了解服務與專業性的差異。

2 初創業可選擇商務中心當辦公室。成立公司需要合法的登記地址,如果是承租辦公室,記得先跟房東詢問能否作為設立登記使用,但並非每個房東都願意提供「房屋使用同意書」;多數人選擇登記在自宅,但若變更為營業使用,房屋稅和地價稅相對會增加。建議不妨選擇承租商務中心,不僅租金相對便宜之外,商務中心多數設有法務,稅務等相關諮詢,幾年後若需要更改登記地也較簡單。

PART 1 成立設計公司須具備的資格

照著做一定會

POINT 1
營業項目部分需證照、執照才能登記

開公司之前必須先設定公司申請的營業項目（涉及日後可開發票的項目），室內設計算是特殊行業，營業項目分為 E801010 室內裝潢業或 I503010 景觀、室內設計業以及 E801060 室內裝修業，差異在於前二者並不需要相關證照，公司名稱會是 *** 有限公司，E801060 室內裝修業需至少有一名取得建築物室內裝修技術人員登記證之員工，而該資格之取得，本身需具備建築師、土木、結構技師、室內設計、室內裝修工程管理等乙級技術士之身份，公司名稱才會冠上「室內裝修」。

POINT 2
營業登記建議一次到位

通常營業項目不會只有 E801010 室內裝潢業或 E801060 室內裝修業，一般室內設計公司還會再登記 I503010 景觀、室內設計業、E601010 電器承裝業、E603090 照明設備安裝工程業、F120010 耐火材料批發業和 F205040 家具、寢具、廚房器具、裝設品零售業等，上述皆無須證照即可登記，木介空間設計總監黃家祥建議盡量一次登記到位，否則日後補登記會比較麻煩，但也不是登記項目愈多愈好，登記項目多未來被加強查帳的機率愈高。

專業技術人員登記證非公司負責人亦可

想要進一步申請「室內裝修業登記證」，其實不見得必須是公司負責人具備專業人員證照，如果是公司員工考取證照，同樣也能申請，講師劉宜維提醒，坊間許多設計公司仍存在「借牌」問題，但遇到工程出狀況，責任歸屬難以釐清，建議還是依照相關規範避免日後發生糾紛。

經營 Q&A

Q： 考取證照就可以登記公司嗎？

A： 根據建築物室內裝修管理辦法第 17 條規定，領有室內設計乙級以上技術士證，必須在 5 年內參加內政部辦理的室內設計訓練達 21 小時以上，且領有講習結業證書，才能拿到專業技術人員登記證進行建築物室內裝修業登記證申請，且專業技術人員登記證也是每 5 年要進行換發登記，逾期未換發登記證者，不得從事室內裝修設計或施工業務。

經營專有名詞

營業項目

係指公司或行號設立之後要經營的項目，可透過公司行號及有限合夥營業項目代碼表檢索系統進行查詢，一旦與實際經營業務不符，有可能會被罰款甚至影響公司經營。

專業技術人員登記證取得流程

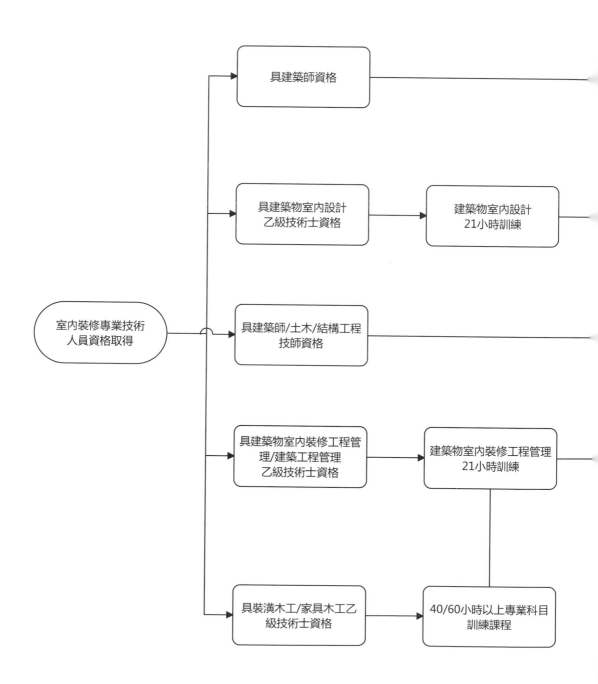

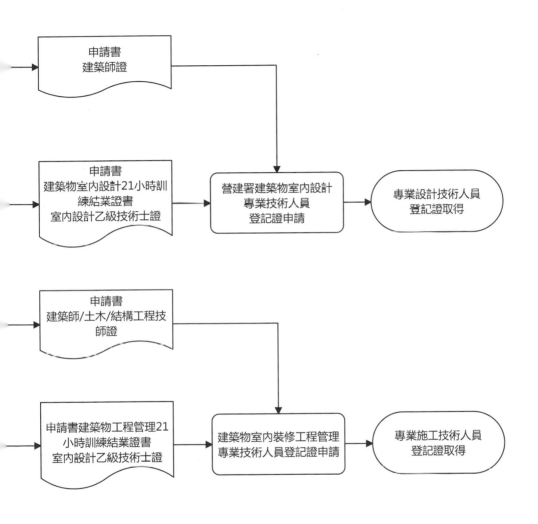

申請書
建築師證

申請書
建築物室內設計21小時訓練結業證書
室內設計乙級技術士證

營建署建築物室內設計專業技術人員登記證申請

專業設計技術人員登記證取得

申請書
建築師/土木/結構工程技師證

申請書建築物工程管理21小時訓練結業證書
室內設計乙級技術士證

建築物室內裝修工程管理專業技術人員登記證申請

專業施工技術人員登記證取得

表格提供＿劉宜維

要開工作室（行號、商號）還是有限公司？

照著做一定會

POINT 1

釐清公司與行號的差別

所謂公司，根據《公司法》第一條定義，以營利為目的依法組織、登記、成立之社團法人，公司按股東結構、出資者的償還責任等，主要又可分為無限公司、有限公司、兩合公司、股份有限公司四大型態，公司的主管機關為「經濟部」；至於行號（商號），依據《商業登記法》定義，以營利為目的而獨資或合夥方式經營的事業，如工程行、工作室、工作坊……等，主管機關為「地方縣市政府」。

POINT 2

公司與行號（商號）的償還責任大不同

依據《設計師到 CEO 經營必修 8 堂課》指出，室內設計公司的業務型態分為純設計型、純施工型、設計兼施工兼監管、純軟裝陳設型、純監工型、純繪圖型、純代工型及純企劃型等八種，無論採用公司還是行號（商號），隨業務開展後有其各自的風險。行號（商號）屬於「無限清償責任」，即不管當初出資多少，都要負擔清償債務的責任；而「公司」是屬於「有限清償責任」，若開設公司出現無力償還債務的情況，也只會以出資額為限進行償還。

POINT 3

公司與行號（商號）各自繳稅有差異

無論成立公司或行號（商號）稅務問題是必須面對的，以同樣都是要使用發票的前提下，公司、行號（商號）營業稅率為均為 5%，營所稅率公司為 20%，行號（商號）則會併入到個人綜所稅申報，因個人綜所稅採累進稅率，收入越高稅率越高。

POINT 4

公司？行號（商號）？影響日後業務擴增的可能性

雖然行號（商號）營業只要符合「小規模營業人」條件，有可免用統一發票的好處，但大多數有規模之企業會要求開立發票，若為了只是想省稅而避開發票選擇行號（商號）作為組織的型式，反而會喪失了做大生意，甚至業務擴增的機會。另外，有些政府標案或金額較大的案子，通常都會限定「公司」才有資格投票或具有合作資格等。木介空間設計總監黃家祥建議可從業務導向作為評估，假如你創業接案客源多半都是親朋好友，也沒有想擴大的野心，年營業額預估在二千萬以內，其實可以設立工作室就好，成本較低、管理也簡單，確實可以降低創業風險，不過假如案源來自建設公司或是大型廠辦等這類需要開發票的客戶，建議還是成立公司為佳。

公司與行號（商號）組織的差異

項目	有限公司	行號（商號）
法源依據	公司法	商業登記法
所屬管轄機關	經濟部	地方縣市政府
名稱	全國性，全國不能重覆	地域性，同縣市不能重覆
資本額	不限，特殊行業有限制	不限，特殊行業有限制
股東人數	1 人以上	獨資 1 人、合夥 2 人以上
股東責任	以出資額為限	無限清還責任
營業稅率	5%	1%（小規模）、5%（使用發票）
營利事業所得稅率	20%	併入個人綜合所得稅申報
是否使用統一發票	使用統一發票	每月營業收入新台幣 20 萬元以下免用

經營 Q&A

Q：公司或行號（商號）名稱會有重覆的問題嗎？

A：公司的主管機關爲經濟部，行號（商號）主管機關爲地方縣市政府，因此名稱保護的範圍也不同。公司名稱具全國性，而且在全國內不得重覆；反觀行號（商號）名稱僅有地域性，同縣市不得重覆。例如「小明有限公司」全國只能有一個，但「小明商號」台北市可以設立一間，台中市、高雄市也可以另設一間一模一樣的名字。

Q：漏開發票在帳務上會出現什麼問題？

A：無論承接設計還是工程，它就像是銷售商品一樣，完成後會有收入，因不開發票導致無法認列爲收入，莊山金會計師表示這不只會成爲國稅局抓到漏開發票的把柄，連帶著淨利也無法認列，帳務上即會產生借貸不平衡的情況，小會破壞帳冊基本的防呆機制。

Q：不想開發票繳稅可以行號（商號）作爲組織主體嗎？

A：因公司、行號（商號）的稅率制度大不同，不少經營者爲節稅而漏開發票，選以行號（商號）作爲經營主體，但其實這反而忽略如果倒閉時的償還風險，若遇到刁鑽業主告上法院，這種逃漏稅行爲一旦被查獲，除了補徵所漏稅款外，行號（商號）屬於無限清償責任，若特定財產還不夠清償債務，債務人可能連名下的財產及資本額都要拿出來償還。

經營專有名詞

營業稅

營業稅又稱作爲消費稅，是政府向消費者徵收的稅金，不過若直接由政府直接徵收相對困難，因此實際情況是由消費者負擔，透過企業代爲向政府繳納。

營所稅

營所稅即爲營利事業所得稅，是國稅局會針對公司每年度的「所得」課徵的稅收。

PART 3 營業登記必懂

照著做一定會

POINT 1
營業登記必要性

想創業接案一定要成立公司嗎？講師劉宜維認爲，開公司對於自身的好處是未來若擴大經營，比較能跟銀行企業貸款，資金調度方便，而政府針對微型創業通常也會有補助方案。再者，成立公司如購買或租用相關生財設備等營業稅可抵扣項目，與個人工作室相比較能夠降低營業成本。

POINT 2
營業登記需要的文件

前面提到，設立室內設計公司可分成「室內裝潢業」、「室內裝修」，申請時兩者都需準備以下資料：
- 存款餘額證明
- 存款影本（封面 / 銀行證明章 / 餘額）
- 設立登記申請書
- 公司名稱預查核定書
- 公司章程影本
- 股東同意書影本

- 股東身分證影本
- 董事願任同意書
- 公司登記所在地之建物所有權人同意書或租約
- 公司所在地建物最近房屋稅影本
- 會計師資本額查核報告書
- 公司設立登記表

待公司行號設立完成後，若備有專業技術人員資格，得以進一步申請「建築物室內裝修業」之設立登記，準備資料如下：

- 建築物室內裝修業登記申請書
- 負責人身分證影本
- 公司登記證明文件影本或商業登記證明文件影本
- 專業技術人員登記證正本及影本
- 規費收據或匯票

POINT 3
營業登記流程

公司設立第一步很重要的是公司名稱預查，可透過經濟部—公司名稱暨所營事業預查輔助查詢系統，先確認公司名稱是否已被使用，接著可透過公司、商業及有限合夥一站式線上申請開辦企業，或是選擇臨櫃、郵寄申辦，線上申請開辦企業網站甚至提供公司組織型態比較與適用法規介紹，對於想開公司的初創業者來說相當實用。名稱預查申請完成後，便可以到銀行開戶存入資本額，同時，如果是承租辦公室也要在此時取得建物所有權人同意，接著將存款餘額證明跟存款影本提供給會計師檢核，檢核後備妥其他相關文件（詳見下頁流程表格），就能辦妥設立登記，向國稅局申請發票購票憑證。但若要取得「室內裝修業登記證」，則需另外備妥專業技術人員證至營建署申請。

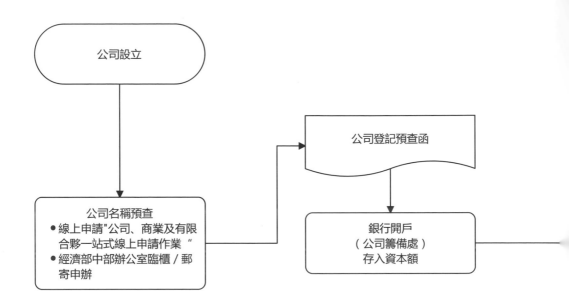

公司設立

公司登記預查函

公司名稱預查
- 線上申請"公司、商業及有限合夥一站式線上申請作業＂
- 經濟部中部辦公室臨櫃／郵寄申辦

銀行開戶
（公司籌備處）
存入資本額

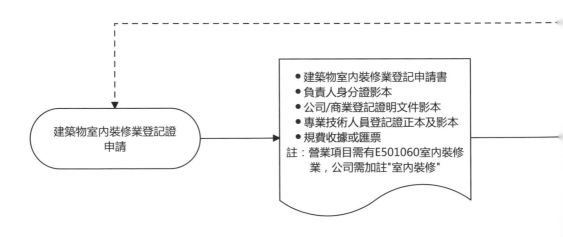

建築物室內裝修業登記證申請

- 建築物室內裝修業登記申請書
- 負責人身分證影本
- 公司/商業登記證明文件影本
- 專業技術人員登記證正本及影本
- 規費收據或匯票
註：營業項目需有E501060室內裝修業，公司需加註"室內裝修"

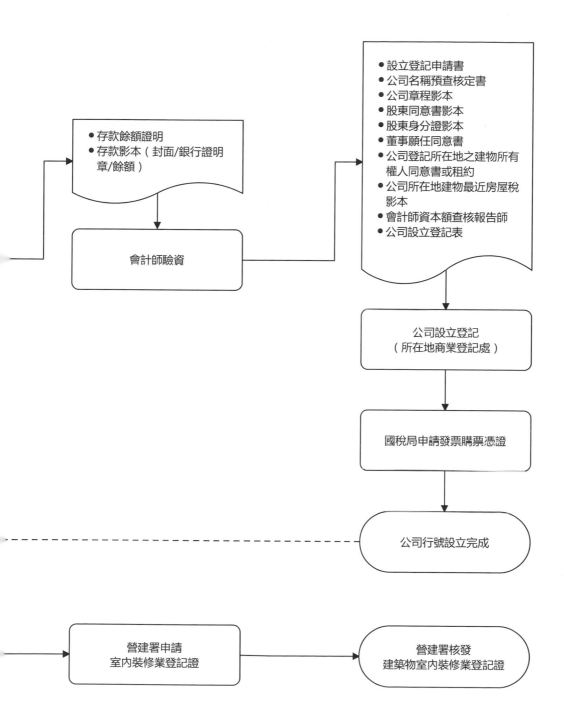

設立登記申請書
- 公司名稱預查核定書
- 公司章程影本
- 股東同意書影本
- 股東身分證影本
- 董事願任同意書
- 公司登記所在地之建物所有權人同意書或租約
- 公司所在地建物最近房屋稅影本
- 會計師資本額查核報告師
- 公司設立登記表

存款餘額證明
- 存款影本（封面/銀行證明章/餘額）

會計師驗資

公司設立登記
（所在地商業登記處）

國稅局申請發票購票憑證

公司行號設立完成

營建署申請
室內裝修業登記證

營建署核發
建築物室內裝修業登記證

申請室內裝修業需於公司設立完成後備妥相關申請文件，才能拿到營建署核發的「建築物室內裝修業登記證」。表格提供＿劉宜維

經營 Q&A

Q：營業登記可以自己申請辦理嗎？

A：原則上可以透過網路「內政申辦服務一站式入口平台」或是臨櫃申辦，不過存款餘額證明與存款影本資料仍需委託會計師查核，所以多數人設立室內設計公司時，還是會選擇全程委託會計師事務所或記帳士辦理。

經營專有名詞

特許執照

根據《公司法》第十七條第一項（商業登記第五條第一項）規定，商業業務，依法律或基於法律授權所定之命令，須經各該業主管機關許可者，於領得許可證件後，方得申請商業登記，其中 E801061 室內裝修業即在此規範內，需另行取得執照，公司才可以經營此營業項目。

3

室內設計證照與法規

想要合法成立室內裝修設計公司，就得先了解必備的兩張證照，另外，設計的空間類型相當多元，從老屋、高樓建築到商業空間，須掌握基本必知的法規，免得白忙一場，賠了夫人又折兵。而不僅裝修法規，營運公司可能面臨到的施工安全，以及違規修繕等法條，也最好要有基本觀念。

重點提示

Part1

關於室內設計證照。掌握「建築物裝修工程管理乙級證照」、「建築物室內設計乙級證照」兩張證照的考試內容，解析證照先後取得的差異性。詳見 P44

Part2

開公司要了解的室內設計法規。從老屋整修、夾層合法性與高樓層建築物，甚至是商業空間裝修與設立必須符合使用類組與土地使用分區管制的限制，從事設計必須謹慎理解，避免違規或是發生重複拆改的問題。詳見 P48

Part3

開公司要了解的法律自保要點。違建修繕或整修切記遵照各縣市法規，為保護公司的設計圖面著作權，也最好和員工簽訂契約，再者施工中的安全維護也必須由業者、發包廠商共同承擔。詳見 P52

怎麼會這樣？

小新剛從設計公司離職，決定獨立出來接案，透過工班接到一個住家案件也順利開工，想不到卻被業主查到小新沒有申請「室內裝修許可證」，也沒有相關證照，氣得想要解除合約。

我以前做過無數案子，有專業知識就好，為什麼還要證照啊？

室內設計公司開業必備「建築物裝修工程管理乙級證照」或「建築物室內設計乙級證照」，才能保障消費者權益。

實踐大學室內設計講師　陳鎔

1 目測能力的練習，有助於提升手繪速度。多數沒辦法通過「建築物室內設計乙級證照」的人通常問題都出在不肯目測。受到過去在工地或是對設計的訓練，認為尺寸需要非常精準，然而手繪製圖考試對傢具的尺度並沒有標準的單一答案，建議考生在不以比例尺為工具的前提下，多嘗試在空白設計圖框內練習配置傢具。

2 理解設計需求與識圖能力，先看得懂才能畫正確。手繪製圖考試關鍵除了快速傳達，對於圖面的判斷與設計需求理解性也相當重要，像是平面配置圖試題所要求的房間數量絕對不能少，家具及設備配置也必須按照設計需求說明。另外，《室內設計手繪製圖必學 4》一書即針對「建築物室內設計乙級證照」術科試題詳細拆解繪製技巧，建議考生熟練本書試題與手繪重點提示，提高考取證照的機率。

社團法人台灣設計菁英協會副理事長　郭珮汝

1 理解法規可避免觸法與重複施工。搞懂室內裝修法規不僅在於裝修送審時能順利竣工拿到合格證明，同時也可以清楚違建等相關規範，舉例來說，台北市政府規定自 104 年 9 月 1 日起所核發使用執照的新建物，不得有任何違建，即便是建商先規劃好的，最後還是會面臨拆除還原。而且未來房屋所有權人因買賣、交換、贈與及信託行為，向地政事務所申請辦理建物所有權移轉登記時，也必須檢附開業建築師出具的「建築物無違章建築證明」。

2 通用設計趨勢，了解無障礙設計規範。許多公共建築隸屬於無障礙建築物，如為了身心障礙者成立的庇護工場，或是樓地板超過三百平方公尺以上的餐飲場所等，設計規劃時建築物的大門出入口寬度都有相關需要遵守的無障礙法規，像是一般大門出入口頂多 120 公分，但無障礙建築物的大門出入口必須達到 150 公分寬，而無障礙廁所的各種尺寸限制也必須熟悉，否則事後就難以補救修改，且完工後也會有相關人員進行檢核。

PART 1　關於室內設計證照

照著做一定會

POINT 1
合法開業必備「建築物室內設計乙級證照」或「建築物裝修工程管理乙級證照」

室內設計公司的業務可分成設計與施工兩個部分，取得「建築物室內設計乙級證照」可以根據業主需求繪製出平面圖、施工大樣圖等，而擁有「建築物裝修工程管理乙級證照」則可以進行室內設計工程。實踐大學室內設計講師陳鎔補充說明，如果只有「建築物室內設計乙級證照」就不能承接施工業務，除非你想走的是「純設計」；相同的，若僅具備「建築物裝修工程管理乙級證照」，能開立「室內裝修工程公司」，經營工程發包、監造相關事務，以及協助業主申請「建築物室內裝修合格證」，但並不具提供設計圖面的資格。

POINT 2
可先從「建築物裝修工程管理乙級證照」入手

相較於「建築物室內設計乙級證照」考的是有限時間之內繪製設計圖的能力與技巧，同時考驗技法、速度，考試的本質在於快速傳達設計概念，有助於日後能在短時間內跟業主、廠商溝通想法，但多數考生缺乏大量運用目測，過於仔細對照比例尺刻度，造成經常無法於應試時間內完成。「建築物裝修工程管理乙級證照」

則是屬於記憶題型，只要熟記基本上都能通過，相對來說較好入手，陳鎔建議，「建築物裝修工程管理乙級證照」為每年三月應考，準備時間可以抓 3 ～ 4 個月，集中短時間的記憶能幫助學習效率。

POINT 3
剛性需求為主的專業證照考了才有用

除了「建築物裝修工程管理乙級證照」與「建築物室內設計乙級證照」是室內設計師必備證照之外，講師陳鎔建議可再增加一張「甲種職業安全衛生業務主管」證照，試題為選擇題型，只要熟記考古題一般都能考上，且對於日後承接公家機關或是百貨商場案件都非常實用，代表你具有安全管理工地的能力。另外他也提醒，官方與民間單位還有其他如綠裝修設計、空氣品質等證照，選擇證照關鍵在於是否具備剛性需求，若不影響開業、接案，不一定需取得證照。

12600 建築物室內裝修工程管理 乙級 工作項目 01：圖說判讀

1. (3) 左圖符號係為 ①轉彎標記 ②方向標記 ③剖面標記 ④立面標記 。

2. (3) 施工圖面常用文字簡寫符號中 GL 代表 ①水平線 ②天花板線 ③地盤線 ④視平線 。

3. (3) 施工圖面常用文字簡寫符號中 DW 代表 ①門 ②下樓 ③門連窗 ④落地窗 。

4. (3) 施工圖面常用文字簡寫符號中 ℄ 代表 ①天花板高度 ②地平線 ③中心線 ④剖面線 。

5. (3) 材料構造圖例中 代表 ①窗簾 ②輕質牆 ③鬆軟之保溫吸音材疊席類 ④地毯 。

建築物裝修工程管理乙級證照多為選擇題，屬於記憶型的考試，取得相對簡單。資料來源＿勞動部

技術士技能檢定建築物室內設計乙級術科試題

空間意象透視表現圖試題編號：207

空間主題：某蛋糕咖啡專賣店經設計規劃，內設糕點販售區、吧檯工作區與座位區，規劃內容及相關尺寸如附圖平面圖及立面圖所示。圖中陳列物為參考示意，得視需要自行調整。

主要透視方向
甲向主要透視位置及相鄰牆面
乙向主要透視位置及相鄰牆面
丙向主要透視位置及相鄰牆面

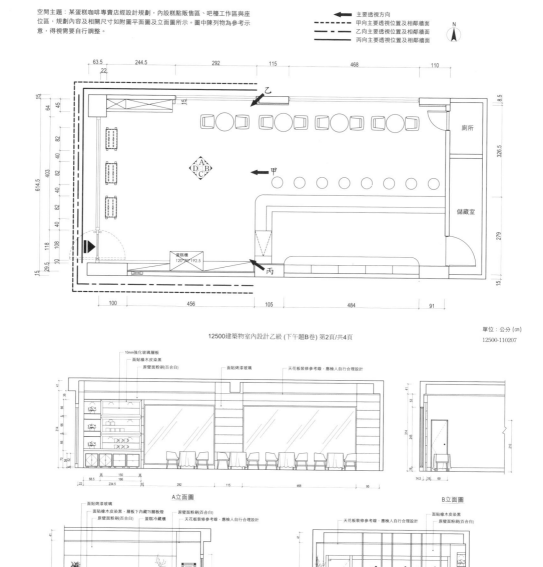

12500建築物室內設計乙級 (下午題B卷) 第2頁/共4頁

單位：公分 (cm)
12500-110207

A立面圖

B立面圖

C立面圖

D立面圖

12500建築物室內設計乙級 (下午題B卷) 第3頁/共4頁

單位：公分 (cm)
12500-110207

建築物室內設計乙級證照最難的為透視圖表現技法，須留意透視方向說明和材質與細部設計的差異性。
資料來源＿勞動部

Q：我應該先考「建築物室內設計乙級證照」還是「建築物室內裝修工程管理乙級證照」？

A：如果是以開立合法室內裝修公司為目標，建議先考取「建築物室內裝修工程管理乙級證照」，接著參加講習結業，取得室內裝修登記證之後，就可以成立裝修公司，而如果僅是取得「建築物室內設計乙級證照」，雖然可以畫設計圖，不過卻無法在案場施工。

經營專有名詞

建築物室內設計乙級技術士

包含學科與術科，術科考試內容主要為手繪製圖，需要在要求時間之內完成平面圖、立面圖、天花板圖，以及透視圖和大樣圖。

建築物室內裝修工程管理乙級

考試內容包括法規選擇題與工程申論題，考取此張證照可成立「室內裝修公司」，申請室內裝修審查。

PART 2　開公司要了解的室內設計法規

照著做一定會

POINT 1
老屋整修切記調閱原始使用執照竣工圖，確認違建範圍與外牆變更及消防規範

老屋整修必須跟各縣市政府建築主管機關（建管處或是工務局）調原始竣工圖、測量成果圖，判斷使照年限（與違規認定時間點相關，需確認屬於既有違建或是無法存在的違建差異性）、公共區域（梯廳、排煙室、特別安全梯的材料規範更嚴格），以及建築物合法範圍。如果大門毗鄰排煙室，大門開門的方向與使用材料也會有限制（開門樣式不得改變，同時須使用 F60A 防火門）。另外，違建相關處理也會因各縣市規範（地方自治法）而不同，舉例來說，陽台外推若認定是既有違建可保留，新北市規定窗戶與牆面材質皆不能變動，但台北市既有違建範圍還可以更新，不過若原本為鐵窗，無法改成鋁窗。

POINT 2
擁有權狀面積的合法夾層才能裝修

台灣房子寸土寸金，購屋市場上常常可以看到許多號稱夾層、挑高的廣告，然而以台北市來說，實際上超過三米六的空間，室內天花板到頂板的淨高度必須在一米四以內，同時不能設有固定式樓梯通達天花板上方空間，如果未符合這樣的情況一律屬於違法，除非業主購買的夾層早已登記於產權面積中，也就是具有權狀面積，才具合法性。

POINT 3

超過 15 層的建築物需符合防火避難綜合檢討報告書及評定書

由於高樓層救災不易，因此凡樓高超過 15 樓或 50 公尺以上的建築物，使用執照上若有標示防火避難綜合評估報告核准字號，代表裝修設計時必須符合評估報告內的要求（若整棟建築物皆為住宅用途，則無此評估報告），其中最重要的三個重點包括：

（1）設計天花板高度要跟報告書中的規定高度一樣或是高於規定，避免濃煙聚集天花板後下降速度過快。

（2）評估報告書內會檢附垂直步行距離規範，在此步行距離範圍內不能有隔間阻擋，僅能根據其指定距離做計算，否則所有的設計都是無效設計。

（3）高樓層廚房通常也屬於防火區劃範圍，在此規範之下，廚房牆面、門都不能任意拆除變動，頂多只能在公共區域另外增加中島廚區，使用電磁爐規劃雙廚房概念。

3. 3~5F、7~9F、13F 計算前提條件

居室名稱	用途	樓地板面積(㎡)	平均天花板高度(m)	步行速度(m/分)	人員密度(人/㎡)	可燃物發熱量(MJ/㎡)	室內裝修種類	排煙類別	步行距離(m)	居室出口寬度
住宅A	住宅	220.7	2.60	60	0.08	720.0	(耐二) 0.014	無排煙設備	21.8	1.84	1.315
住宅B	住宅	231.3	2.60	60	0.08	720.0	(耐二) 0.014	無排煙設備	20.3	1.84	1.315
梯廳		38.2	2.40	60	—	—	—	無排煙設備			
排煙室A1	避難路徑	13.1	2.40	60	—	—	—	自然排煙			
排煙室A2	避難路徑	2.0	2.30	60	—	—	—	機械排煙			
樓梯A1	直通樓梯	10.6	—	—	—	—	—	無排煙設備			
樓梯A2	直通樓梯	10.9	—	—	—	—	—				

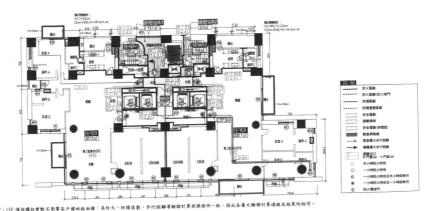

註：3~5F、7~9F、13F 僅結構樑柱變動不影響各戶樓地板面積，其防火、防煙區劃、步行距離等驗證計算前提條件一致，因此各層之驗證計算過程及結果均相同。

圖 4-6 3~5F、7~9F、13F 避難安全驗證計算圖例(1/200)

新蓋大樓的廚房很多都是屬於防火區劃範圍，無法拆除更改隔間或門，設計時要特別留意，但如果整棟大樓皆為住宅使用皆不在此限。圖片提供＿郭珮汝

POINT 4

商業空間需了解建築物使用類組與檢討項目

建築物根據使用類型、坪數大小會有不同的設計規範，以餐飲空間爲例，只要供應酒精飲料的服務場所，不論坪數大小，其檢討項目相對較高，像是消防等級標準提高、需加裝排煙設備等，同時還得具備兩個逃生出口設計，另外，於分間牆的設計上，若總樓地板面積爲三百平方公尺以上，必須爲防火構造或使用不燃材料建造，所以一旦承接商業空間，得特別留意不同商空用途的設計要求。

Q：申請室內裝修許可證需具備哪些條件？

A：根據《建築法》規定，建築物室內裝修工程，必須經由內政部登記許可的室內裝修從業者辦理，同時要附上建築物室內裝修技術人員登記證，以及加入當地室內裝修公會，這些資料都得備齊才得以申請。而目前也有許多設計公司委託建築師代辦申請室內裝修許可。

室內裝修許可證

根據《建築物室內裝修管理辦法》規定，除了壁紙、壁布、窗簾、傢具、活動隔屏、地氈等之黏貼及擺設外的行為，只要包含以下室內裝修行為就得申請室內裝修許可證。一、固著於建築物構造體之天花板裝修。二、內部牆面裝修。三、高度超過地板面以上一點二公尺固定之隔屏或兼作櫥櫃使用之隔屏裝修。四、分間牆變更。

建築物使用類組

根據「建築法」以及「建築物使用類組及變更使用辦法」的規定，每一個建築物都有經核定的「使用類組」，建築物的所有權人或使用人應當按照使用類組規定來使用。建築物變更使用類組時，除應符合都市計畫土地使用分區管制或非都市土地使用管制之容許使用項目規定外，並應依建築物變更使用原則表辦理。

PART 3　開公司要了解的法律自保要點

照著做一定會

POINT 1
公司設計圖著作權應歸屬公司，保障自身權益

除非你打從一開始就確立走個人工作室型態，否則創業當中多少會面臨增補員工的狀況，而坊間最常發生員工離職帶走任職期間所完成的設計圖面，甚至是完工後的照片當作自己日後應徵的作品集。《設計人必知法律課》一書便詳細說明，如果員工未經你同意，就把任職期間的作品拿去新公司使用，很有可能侵害著作權，也有違反營業秘密法的可能性，身為設計公司老闆，建議可以透過契約的約定，確認公司設計圖著作權屬於公司，以確保員工在公司工作期間產出成果的著作權歸屬。此外，也可以透過勞動契約、職員手冊合約、職員工作規則中規定，員工對於設計案繪製施工圖、3D 設計圖等資料負有守密義務，且禁止未參與設計案的人員（例如會計同仁）接觸檔案。

POINT 2
雙北頂樓加蓋裝修、修繕一概違法

《設計人必知法律課》一書提到，各個縣市有關違建拆除的規定是各縣市自己掌管的，室內裝修業者／室內設計業者在各個縣市執業遇到有關違建的問題，一定要記得去查詢各縣市相關的法規。例如老公寓最常遇到的問題是頂樓加蓋裝修或修

繕可不可行？以台北市為例，市政府已啟動《臺北市違章建築處理規則》之修正，若修正通過後，除裝修以外，既存違建修繕也將走入歷史，違反法規擅自開工，或是透過任何方式規避，都可能會面臨停工、拆除的風險。若被拆除的話，建築業者也必須對業主負起契約上的責任，也可能有額外侵權責任等問題要面對。

POINT 3
工地安全維護，從設計師到發包廠商都有責任

工安意外時有所聞，工地中的安全維護責任，根據《設計人必知法律課》一書當中提到可分成兩個面向：一是對外的建築相關法規，一是對內的職業安全衛生法規。

其中針對施工中的安全維護責任，建築法就特別規定建築物起造人、設計人、監造人或承造人，如果有侵害他人財產，造成危險或傷害他人時，應該分別負責。另外也規定建築物的施工場所，應該要有維護安全、防範危險及預防火災的適當設備或措施，因此，業主、施工單位或設計監造單位在工地中都有以適當設備或措施維護安全、防範危險及預防火災的責任。

對內的安全維護指的是雇主對勞工的保護，職業安全衛生法就是為了防止職業災害，保障勞工安全及健康所制定的法律，其中明確規定雇主對於施工相關事項應該要有符合規定的必要安全衛生設備及措施。

而不論是業主找廠商，或是廠商找小包，都應要事前告知工作環境、危害因素，以及依法要採取的安全衛生設施。所以，在工地中，不管你是業主、大包或小包，都要為防止職業災害盡一份心力，必須負擔符合規定且必要的安全衛生設備及措施。

依照現行建築法規定，雙北頂樓加蓋不論是修繕或裝修皆違法。攝影＿許嘉芬

經營 Q&A

Q：室內設計也可以投保嗎？適合哪種保險呢？

A：在室內裝修上，最重要者當為營造工程綜合保險莫屬，通常包含營造工程財物損失險（主險、財產保險）、第三人意外責任險（附加險、責任保險）及雇主意外責任險（附加險、責任保險）等項目，不過因營造綜合保險的內涵，有賴市場多元化發展，各家商業保險公司承保範圍未必一致，建議在投保前應詳閱比較相關條款。

經營專有名詞

著作權

著作權是智慧財產權的一種，主要是保護人類精神力的創作成果，讓人類可以因為自己的創作被保護而繼續努力。根據《著作權法》的規定，被納入建築著作保護的有四種樣態，分別是：建築設計圖、建築模型、建築物及其他的建築著作；而被納入圖形著作保護範疇的則有：地圖、圖表、科技或工程設計圖及其他的圖形著作。

4

估算設計公司開業費用

創業開一間設計公司是不少設計人的夢想，但是開一間公司有哪些程序？
究竟要準備多少錢？都是許多人不了解但一定需要知道的，這個章節將從
申請營業登記的事項與費用，辦公室租金、裝潢、基本設備、傢具投入策略
到需準備多少現金以及如何貸款，全方面理解設計公司所需要的開業費用。

重點提示

Part1 **申請營業登記事項與費用。** 通常設計人創業開公司，對於財務、法律
的知識相對不足，建議在申請營業登記費用時可委由稅務代理人（會
計師、記帳士及報稅代理人等）代為辦理。詳見 P58

Part2 **辦公室租金、裝潢投入、基本設備與傢具策略。** 創業開一間公司會
有所謂的「生命周期」，即創業初期、成長、成熟、衰退等。辦公
室租金、裝潢、設備、傢具等費用可按各個時間做調整。詳見 P61

Part3 **預備金／現金流的重要性。** 有些公司倒閉不是因為生意不好，而是
沒有做好財務規劃，因此創業除了需要設立資本額，還需要準備一
筆經常性營運資金，以度過收入與支出的時間差。詳見 P64

Part4 **開設計公司能貸款嗎？又該怎麼貸？** 如果剛開始創業資金不足其
實可向銀行貸款來圓夢，可以申請如青年創業貸款、微型創業鳳凰
貸款等，甚至經濟部中小企業處也有提供企業小頭家貸款，按相關
規章提出計劃申請。詳見 P67

怎麼會這樣？

小明離開設計公司，打算自己開業，身為創業小白，對於設立公司的費用沒有頭緒，如果錢不夠又可以去哪裡貸款呢？

萬騰聯合會計師事務所會計師　莊世金

1 謹慎挑選稅務代理人。選擇稅務代理人切勿只看收費標準，能站在你的立場設身處地著想、分析利弊更為重要。且因為稅務代理人影響公司深遠，建議所有資料務必保存，如給稅務代理人的資料：發票、收據、支付稅金的記錄等，及從稅務代理人取得的資料如 401 申報書及每年度的營利事業所得稅結算申報書等，以備不時之需。

2 善用法律工具，讓交易更有秩序。設計人新開業後除了學習財會知識，法律也是必需具備的知識之一。法律是規範現代生活與商業活動的工具，令交易能有秩序、利益能合理分配。如果經營者懂得利用法律工具，當遇到完工、業主拖欠尾款遲不還，可以聲請「支付命令」，不僅程序簡單、費用低（聲請支付命令費用只需新台幣 500 元規費），卽能有起訴或聲請調解的效果。

PART 1 申請營業登記事項與費用

照著做一定會

POINT 1
設立前確立組織型態與預查名稱

在 Project2 了解營業登記中理解到公司設立登記的過程中有許多流程，最一開始要先確立組織型態，即決定申請公司還是行號（商號），同時也要確立登記地址到營業項目，接著則是進一步確認公司負責人、股東人數，行號（商號）則是要決定採獨資或合夥，最後要規劃資本額的大小。上述事項都確立好後，可先預想幾個想要設立的名稱，接著就要申請預查名稱，藉由查核來確認名稱是否已有人使用，而關於費用方面，預查費用臨櫃辦理為新台幣 300 元，線上申請則為新台幣 150 元。

POINT 2
開立公司籌備戶、存入資本額和驗資

接著選擇一間銀行並開立「籌備戶」，辦理時要備妥大小印章、雙證件等，在存入資本額辦理好後，再請會計師進行資本額驗資，公司登記需驗資（資本額簽證），行號設立資本額不超過新台幣 25 萬元不必驗資。會計師在確認這些資本額到位後，才會提供「會計師資本額查核報告」，以證明公司資本的真實性，而請會計師驗資費用約新台幣數千元不等。

公司、行號（商號）設立申請

開立公司籌備戶、存入資料本額和驗資都處理完後，備妥好設立登記相關文件（詳見 P.36）、送件人身分證、大小章、規費，就可申請公司登記。設立登記費，公司設立按其收資本總額每新台幣 4,000 元以 1 元計算，未達新台幣 1,000 元者，以新台幣 1,000 元計算；網路申辦者，線上申請減收規費 300 元。行號（商號）設立郵寄、親自、委託申辦收新台幣 1,000 元；網路申辦為新台幣 1,000 元（使用自然人憑證登入「公司及商業一站式線上申請作業」系統並完成附件上傳者，減徵二成）。

公司、行號（商號）規費

項目	公司	行號（商號）（以合夥組織為例）
規費	按其實收資本額每新台幣 4,000 元 1 元計算，未達新台幣 1,000 元者，以 1,000 元計算，以網路方式申請者，每件減收規費 300 元 "	郵寄、親自、委託申辦收新台幣 1,000 元。網路申辦新台幣 1,000 元（使用自然人憑證登入「公司及商業一站式線上申請作業」系統並完成附件上傳者，減徵二成）。

資料來源＿臺北市政府市民服務大平臺網站

國稅局營業稅籍設立登記、領取統一發票購票證明

待取得公司登記核准函，相關統一編號就會下來了，而後接著要到國稅局辦理稅籍登記，可供報繳營業稅之用。完成後則是至國稅局申請統一發票購票證，待收到國稅局公文後，憑核准函就可以到國稅局領取發票憑證。最後務必記得在取得開公司核准函後，將原本的籌備戶轉為正式帳戶，開公司的流程才算完成。

經營 Q&A

Q：沒申請營業登記會觸法嗎？

A：有些設計師沒有申請營業登記就開始接案做設計，除了會依規定處罰外，也很容易限縮公司未來的發展規模，建議無論選擇哪種組織型態，都應該要主動去辦理「商業登記」或「公司登記」，之後再到國稅局辦理營業登記。

經營專有名詞

會計師資本額查核報告

通常有限公司、股份有限公司、閉鎖型股份有限公司設立時，其資本額需要經由會計師來確認資本充足且有確實匯入公司在銀行開立的籌備戶頭內，確定後會提供「會計師資本額查核報告」，行號（商號）的設立則不需要。

PART 2　辦公室租金、裝潢投入、基本設備與傢具策略

照 著 做 一 定 會

POINT 1
創業階段應該要對辦公室有不同定義

創業初期想要快速累積案量與獲利相對困難，因此資金一定要花在刀口上。辦公室租金，再加上其中的水電費、網路費、裝潢費用、設備與傢具添購……等，是一筆佔比不小的固定成本，因此這項成本支出，端看經營者對創業初期、成長、成熟各階段業務的想像，再來決定要怎麼樣的辦公場所、裝潢等級。

POINT 2
辦公室「以租代買」VS.「以買代租」？

辦公室究竟是租賃好？還是購買好？說實話兩者沒有絕對。以初期為例，這個時期為求活下去，能省則省，不少年輕剛創業者的辦公室就會朝「以租代買」進行，從商務中心出租型辦公室、共享辦公室等做選擇，把更多的心力專注於拓展業務上。反觀當步上成熟期，這個時候案量愈來愈多，接案預算也愈來愈高，反而會希望能有個好門面提升客戶對公司的印象，因此對於辦公室的思考可能就會轉向「以買代租」，投入較高的成本於裝潢、添購傢具設備上。

	以租代買	以買代租
形式＆優缺點	利用商務中心出租型辦公室、共享辦公室、租貸店面等節省花費，全心拓展事業	透過購買辦公室投入裝潢展現設計力
適合階段	新創設計公司	公司步入成熟期

POINT 3

憑藉設計人優勢，讓成本支出花在刀口上

當設計公司行號走向成長階段，這時隨著組織發展、人員擴張，為了給予同仁更好的工作環境，一定會面臨換辦公室的問題。不過，莊世金會計師也點出創業走到這個時期不只組織規模變大、工班與資源亦跟著增加，相較於其他產業的經營者，在辦公室承租、裝潢成本上理應更有概念，可憑藉設計人優勢，讓新辦公室所需的錢花在刀口上，用最佳的成本發揮最大的效益。

POINT 4

裝潢策略的選定，提升形象與案件成交率

大多數公司行號的辦公室都是租賃的，雖然不少經營者也有著「花再多錢，裝潢也是送房東」的想法，但許多設計公司經營者願意反其道而行，花大筆費用進行裝潢，這不只是他的裝潢策略選定，也是營運策略之一：藉由門面展現設計力、提升公司形象，從此建立客戶信任度，進而提升案件成交率。

Q：創業初期真的需要辦公室嗎？

A：科技的進步改變了部分工作者的上班方式，僅需要有網路的地方就可以工作，因此不少設計人創業初期在資金有限的情況，選擇不租辦公室，靠一台筆電、架好網站，即使沒有實體辦公室也能經營一家公司行號。

經營專有名詞

共享辦公室

共享辦公室是近年興起的辦公型態，與大家共同使用辦公室、現場設備、器材等，只要輕鬆的帶著一台筆記型電腦，就可以馬上工作。

 **PART 3** # 預備金／現金流的重要性

照著做一定會

POINT 1
備妥週轉預備金，以應付臨時意外狀況

設計裝潢產業經常以專案的形式提供服務，從前期溝通、接洽案件、設計規劃、提供報價，接著才會開始真正進場施作，因裝潢的時程較長，通常會採取分期付款，即按工程進度分階段付款，從「交易完成」到「款項交付」這之間都需要一段時間，因此會有所謂的「時間差」產生。但在收到款項前，公司還是得靠現金維生下去，而這筆週轉預備金就是公司經營時，在收入入帳前，用來維持正常營運的資金。

POINT 2
健全財務結構，擺脫跑三點半惡夢

對創業人，特別是資源有限的經營者來說，每天要跑「三點半」擔心票據能否兌現，不只痛苦，更是一場惡夢，因為這代表每天這個時間前資金沒有補進帳戶，當天需要兌現的支票就很有可能會跳票。一旦出現每天跑三點半的情況，就是該重新檢視每月現金流是否出現問題？是否有大量的應收帳款未收？經營者若不重視這個問題，每天跑三點半都來不及了，更別說有多餘的時間和精力能投放於公司業務和未來發展上。

千萬別「憑感覺」預估週轉預備金

很多經營者創業容易「憑感覺」，但準備預備金這件事絕對不能靠感覺行事，因爲開一間設計公司行號，包含最基本的人事、租金、其他雜支費用等皆要支付，甚至裝潢費用的攤提也要納入，因此在預估預備金時，莊世金會計師建議可以公司的「可承接最大案量」來估算，例如打算接新台幣 1 千萬元的生意，少說也得準備個 300 ～ 500 萬元的預備金，特別是在這缺工缺料、物價飆漲的年代，頻頻出現逾期完工的情況，沒有準備足夠的預備金來週轉，要準時完工也很難。因此預備金盡量多估一些，以防止在沒有足夠的資金時可以周轉，維持公司行號的營運。

按不同時期調整預備金、現金流的比例

對於不同的營運時期，預備金和現金流的準備也是不一樣的。例如像公司行號剛成立的時候業務案量很少，相對在支付固定成本、下包廠商費用上較少，然而隨著經營逐漸步上軌道，相對要支付的固定成本、下包廠商費用增加，這時預備金、現金流比例也要跟著調整，以免落入週轉不靈、倒閉的窘境。

經營 Q&A

Q：經營設計公司行號什麼原因易使現金流出現問題？

A：如同前述所言，設計裝潢工程付款方式特殊，通常採取的是階段性付款，即做到哪付到哪。有時會遇上客戶延遲付款的情況，這也是常造成設計公司行號現金流出現問題的原因之一，拖欠繳款不止減少了現金流入，也使得設計公司行號在按時支付固定費用時出現壓力。

Q：一旦動用週轉預備金代表公司要倒閉了嗎？

A：現金流問題是營運時難以避免的情況，當現金流出超過流入，甚至要動用到預備金時，是創業者不可忽視的警訊，倘若真的動用到預備金，代表接下來可能付不出薪水、租金……等。雖然公司不會馬上倒閉，但要盡快確認下一筆錢是否能即時入帳，確保有足夠的現金應對營運。

Q：動用到預備金是不是財會制度出現了問題？

A：為避免客戶延遲付款，莊世金會計師認為經營者必須重新正視與檢視客戶延期付款的問題。他建議檢視的部分先從應收帳款管理制度著手，可先了解是否為制度本身有問題，例如市場行情為發票開出去後 1～2 個月內錢要入帳，但你的公司擬定發票開出去後十天內錢要入帳，很有可能是入帳時間的制度不符合市場行情，讓催收難以落實，連帶產生延遲付款的情況。

經營專有名詞

支付命令

支付命令是一種督促程序，它不需要透過訴訟程序，只要債權人提得出證明，就可以向法院提出聲請，每件聲請支付命令費用為新台幣 500 元，簡便又省時。

PART 4 開設計公司能貸款嗎？又該怎麼貸？

POINT 1

設計公司行號可以貸款，有無不動產是關鍵

創業不是一件容易的事，營運初期常常遇到資金不足的情形，這時勢必得想辦法籌備資金讓公司能持續經營下去。而開立設計公司行號可以跟銀行貸款，不過，設計公司行號跟銀行借貸常遇到的挑戰在於有無不動產：若有不動產，銀行認定不會有呆帳風險，較容易借貸，反之，若沒有不動產則相對容易被刁難。

POINT 2

讓公司看起來有兩把刷子，銀行才會借你錢

借錢是一門學問，向銀行借錢需要一點方法：如果公司事業才剛起步，也千萬別讓銀行知道公司業務收入不穩，這樣對於借貸相當不利，莊世金會計師指出：想要借到錢，就必須讓公司營運「看起來」有步上正軌的樣子，每個月有穩定的收入，還款來源穩定，這樣銀行才會願意借錢給你。

POINT 3

多方尋求其他貸款方式獲得創業資金

藉由貸款讓公司行號能持續經營是很正常的，因此除了擔保貸款、無擔保貸款（即信用貸款），還可以尋求其他貸款方式獲得創業資金。其一便是「青年創業貸款」，即政府為了幫助青年創業者取得創業所需資金所推動的一項貸款計畫，它跟一般貸款條件最大差異點在於：申請貸款前須接受創業相關免費培訓之課程或學程。另外，經濟部中小企業處為了協助中小企業取得營運所需資金，也有「企業小頭家貸款」；營動部勞動力發展署為了協助女性創業，則提供了「微型創業鳳凰貸款」都可以在創業時參考。

POINT 4

謹記「有借有還，再借不難」的原則

莊世金會計師提醒：跟銀行借錢一定要牢記「有借有還，再借不難」的原則，做一個願意為債務負責任且沒有逾期記錄的客戶，自然就是銀行眼中的『優質客戶』。唯有維持好的信用記錄，當日後有一天遇困難時，銀行才會相挺並願意再借錢給你。

青年創業貸款

項目	說明
適用對象	成立未滿 5 年之事業，借款人在 18 ～ 45 歲間，負責人為中華民國國民者，應於我國設有戶籍。
申請條件	3 年內受過政府認可之單位開辦創業輔導相關課程至少 20 小時或取得 2 學分證明。
貸款額度	最高新台幣 1,200 萬元。

資料來源__合作金庫銀行網站

企業小頭家貸款

項目	說明
適用對象	依法辦理公司、有限合夥、商業或稅籍登記，僱用員工人數 10 人以下之營利事業。
貸款額度	最高新台幣 500 萬元。

資料來源__經濟部中小企業處網站

微型創業鳳凰貸款

項目	說明
適用對象	未滿 45 歲成年女性，45 ～ 65 歲中華民國國民，65 歲以下設籍離島之成年人（須以事業登記負責人名義提出申請）。
申請條件	3 年內曾參加政府創業研習課程滿 18 小時，經過創業諮詢輔導且公司員工不超過 5 人，並符合下述條件之一可申請：（1）公司設立登記或商業登記未超過 5 年、（2）幼稚園、托育中心、補習班登記未超過 5 年、（3）免辦理登記小規模商業，辦有稅籍登記未超過 5 年。
貸款額度	最高新台幣 200 萬元。

資料來源__我的 E 政府網站

經營 Q&A

Q：申請貸款限制條件會很多嗎？

A：每一種貸款方式有其限制，以「企業小頭家貸款」為例，其在申請條件中便明確記載：依法辦理公司、有限合夥、商業或稅籍登記，僱用員工人數 10 人以下之營利事業。另外像「青年創業貸款」也清楚記載公司須完成設立登記，即提供給已經在創業的經營者，所以申請貸款前一定要看仔細規範。另外還要留意是公司貸款、還是個人貸款，如果是個人貸款給公司用，可能需要與各股東討論公司負擔個人貸款的相關問題。

經營專有名詞

擔保貸款

擔保貸款即是指定以某個抵押項目作為擔保，例如房屋、汽車或其他資產，銀行會以此核撥貸款的產品。

無擔保貸款

無擔保貸款又稱為信用貸款，指的是無需任何擔保品、抵押品，顧名思議就是以個人的「信用價值」向銀行借錢。

5

制定營運流程

設計，是種特殊買賣行為，看似有技術即可賺錢，並無成本壓力，然而「時間」就是最大成本，必須透過精準而確實的合約、與客戶有效溝通機制，並且制定精準的工作流程，才能確實完工收款。

重點提示

Part1 | **擬定設計合約、工程合約。**設計圖紙含哪些？交圖時間為何？修改上限？客戶最終必須回覆時間為何？都須規定在合約裡，雖說白紙黑字看似傷感情，但卻是最有效的溝通憑證。詳見 P74

Part2 | **設計費與工程發包制度訂定。**怕收設計費沒客人上門嗎？然而消費付款本是理所當然，從基礎設計收費穩定經營到提高收費自動挑選客人，收多少設計費端看公司營運方向。詳見 P78

Part3 | **工作流程制定。**不論選擇純設計，還是設計工程合一，重點必須讓設計確實落地，選擇合適的合作夥伴也是一大重要關鍵。詳見 P81

怎麼會這樣？

小美接到了一個親友委託的設計案，想說都熟識了就口頭說說內容未簽訂合約，但卻面臨親友無法決定設計風格，一再改圖、改設計，連動工後又說要重來，導致工程一再延宕，成本無形中一再增加。

親友委託的案子沒簽約，施工後一直改設計，這個案子沒賺還賠了。

親兄弟明算帳，越是親密的人越應該白紙黑字說清楚。

二三國際有限公司設計總監　張佑綸

1 保守估計，蹲得愈低才能跳得高。 若未在大型設計公司待過七、八年以上，和工班交手、運作過程並無相當熟稔經驗的話，必須戒慎恐懼、亦步亦趨，不過度誇大實際設計能力與速度，穩紮穩打、掌控時間安排，並常退一步思考大局才能將營運步上軌道！

2 錯誤學習，機動化因應調整。 創業並不單純，本在設計公司內僅需面對設計圖完成與否，但創業還需具備交際面的「業務力」，應對工班的「溝通力」，更需要有反覆省思自我的「調整力」，一兩次的挫敗正是學習的重要教材，於錯中學不再重蹈覆轍，絕對就能日漸完善公司營運制度。

爾聲空間設計創辦人　林欣璇

1 學得愈廣，實際操演才準確。 現今想創業自己做的設計師眾多，常常說設計任誰都能做，但是經營一間公司卻不見得是人人都能長久，如何坐上會議桌後讓業主就能感到安心，憑藉著的全是真功夫，即便業主當設計服務業，但是自身需了解本身技術面價值。

2 經營關係，不是只做一份合約。 常說不會因為多做一個案子而大賺，態度為做「好」，不只是做「完」，讓業主滿足才是設計最大的價值！最耗費時間的了解業主需求、陪同選擇材料、打樣板、挑選傢具軟裝等都是講求設計落地的重要關鍵。

PART 1 擬定設計合約、工程合約

照著做一定會

POINT 1

預留充裕工作時間因應突發事件

為求營運、公司人力精簡下，主創設計師可能還需身兼會計、社群小編、業務多職，最常見過於自信一時誇下海口提出：一個月即能完成設計圖樣，但卻忘了多頭馬車下時間被瓜分，導致交期延遲的罰款問題，建議設計時間可明列「幾個工作天」或是「日期」（例：4/15 ～ 7/15）避免雙方認知差異，並拉長時間保留緩衝。而工程期限亦同，畢竟缺工問題嚴重、許多住家又禁止假日施工，還有不可抗拒事故，像是確診、意外皆會延宕工程，因此合約無須卡死進度，保留工作時間彈性，才能確實完工並掌握品質。

POINT 2

責任歸屬記明但留人情面

白紙黑字合約簽立為的就是保障雙方權益，無須為留情面而處處寬容，或是攬責於自身，其中像是設計裝修中最容易產生爭議的「設計面積」有無包含陽台和廁所、「設計修改次數」的概念，還是「增減工程」的費用計算是以優惠價進行退款、缺料以同等級替代並以設計師、配合廠商為準等，皆須鉅細彌遺清楚寫明，以免事後無限上綱導致做白工，再者業主須提供的圖片資料、消防查驗還有施工申請

費用負擔皆需載明，但若遇到其無法處理，如出國等特殊情勢，設計師可協助其處理，展現服務面的人情彈性。

POINT 3
付款時間與比例分配

雖說室內設計公司入門門檻低，但面對工程放款、交圖收款流程，一來一往之間若無法確實掌握，可能就會面臨資金周轉不靈問題；再者提防無良業主惡意騙取平面圖而無履行合約，需確實擬定收款時間點，先以業主溝通彼此合作意願下，設計費以簽約交付 30%、平面定案完成 30%、3D 完成 30%，最後完工驗收再收 10% 方式運作，才可保證公司運作資金流動。此外，工程付款時間大部份訂在木工退場、油漆退場、完工、驗收四個時間點，而針對特殊專作高總價或毛胚屋的公司來說，等到木工退場才支付款項需代墊可觀金額，因此或許能與業主溝通提早至木工進場即收款。

POINT 4
彈性拿捏與工班的溝通

尊重，是與工班合作的一大基準。設計落地仰賴工班與設計師互相合作，為求有基本保障，以合約約束交期、進場時間都十分合理，然而過程中出現變動也絕對在所難免，不論是缺工問題、氣候影響，甚至是不可預期因素（如疫情），因此合約可說僅是基礎屏障，該如何「達到結果」仰賴設計師與工班在各個環節中的良善溝通，談判技巧需經年累月累積，但核心關鍵是有問題勇於提出，態度良善又帶著堅定。

POINT 5

合約細節需字句琢磨

合約陳述方式以及選擇用字都可能影響效力，需要仔細微調合約用字，此外，還有些責任歸屬問題常是爭議點（詳見下表），建議都須在合約中標註清楚。另，內政部營建署網站有提供室內設計與工程的定型化契約範本，可以此為基準制訂適合自己公司的設計與工程合約。

合約爭議要點	
違建事項	甲方堅持要做夾層或陽台外推，需註明責任歸屬為甲方。
增減工程	工程費需以實際價位計算，而非簽署合約當下的價位，再者，增加的工程以增訂條款方式，雙方簽名後才能施工，以免無法收到款項。
設計面積	若以廁所、陽台並未設計與施工為由要求以實際室內坪數收取設計費，需考量出設計圖的案件最低坪數（例如：最低坪數為 20 坪，19 坪也以 20 坪計算）。
設計修改次數	合約需明文載記最高修改次數，後續工作進度也需順延，以免陷入最後施工期被壓縮的問題。

Q： 如何審視合約性質是否適合自家公司？

A： 設計公司營運方式大有不同，不論是性質偏向純設計抑或是設計工程監管，若想要確實收入款項並落實設計落地，有份完善合約絕對是必要元素！建議可歸列每月預算委請律師事務所審閱查看合約，因若真是需要第三方仲裁時，用字遣詞可說是錙銖必較。

Q： 工程隊溝通不易，眼見完工時間已迫在眉睫該如何處理？

A： 工班師傅講究配合度、信任感，長期配合就能掌握溝通特質，但公司草創階段無長期合作工程隊的話就得憑藉著主設計師「搏感情」，施工中給予信任，才能一切好談。若是純設計公司來說，合約內必須註明監工責任歸屬甲方，若不配合設計圖施工影響交期，需由甲方出面協調，並不能求取延宕罰金。

工程專有名詞

點工、點料
業主自行找裝修師傅施工稱之「點工」，自行找建材行購買材料稱之為「點料」，而在不採統包的方式下業主自行找施作團隊，常須耗費更大量心力監工。

PART 2　設計費與工程發包制度訂定

照 著 做 一 定 會

POINT 1
設計費訂定不要削價競爭

草創階段為了避免比價而落入削價競爭困擾，設定設計費時需多方瞭解市場同級競爭對手所提供之服務，再依據自身競爭力定價。因現下室內設計個人工作室林立，消費者難以比較高下，採取隨著市場行情「平均定價」策略是不落入削價競爭的明智之舉。一般來說，設計費皆以坪數計費為多，而剛創業的工作室、設計公司則多落在 3,000 ～ 4,500 元／坪。

POINT 2
訂定收費基礎後還需確保毛利

草創時期，公司經營者在工程部分因為人員少、案子不多，可以自行發包，但當案源開始變多、人員管理工作變複雜後，則可改以有經驗的專案設計師全權處理、發包，因專案設計師從設計面到材質、工法皆了解，發包詢價時有基礎認知，不至於有低價高估問題，可確保工程利潤；若與工班有完善議價能力就能創造利潤，但建議公司管理者還是得建立檢核機制，或是可改成以毛利潤率來要求，才能放權由設計師自行發包，避免弊端產生。

POINT 3
依據成長階段調整發包方式

台灣設計公司工程多採一條龍方式進行，從設計、報價、發包、施工、監工、驗收都由設計師負責。但是一般來說需有足夠成熟度的設計師才能確認發包材料，並與師傅良好溝通，因此建議初期由中央統一處理，而後再建立機制放權設計師發包才是完善作法。

採購與發包進程		
初期發展	中期擴張	穩定成長
公司集中管理發包	以毛利潤率要求並放權由設計師自行發包	建立發包資料庫，設計師可自行選擇，但由公司進行議價

POINT 4
工程獲利仰賴時間精準掌控與確實估算

公司利潤多半來自於工程發包獲利，不過想要確實從中獲利，需仰賴精準的時間掌控及確實的估價能力，才能減少因為執行施工延宕、人為因素而增加成本。因此工程在前、中兩個階段需特別注意，「發包前」：須精準掌握發包工班與設備廠商的品質；「施工中」：確保品質，避免不必要的耗損而增加成本。為了完善業主需求，有餘力下可執行現場放樣，用不同顏色的紙膠帶框出隔間、設備、櫃體等位置，讓客戶有實際感受，更能完善施工後的交屋步驟。

經營 Q&A

Q：還沒有名氣，開業就能夠收取設計費嗎？會不會根本就沒有人想要支付？

A：《i室設圈｜漂亮家居》從創刊開始就一再提倡建立支付設計費的觀念與制度，畢竟設計與包工有所差異，設計不只解決了空間問題，還提升了空間坪效，更展現空間美感，創作生活質感，而且不是拿著一張設計圖就收費，必須還要包含立面、管線、櫃體等圖，專業有其價值。

Q：設計費提高後，會不會失去案源？

A：室內設計是個很特殊的產業，並無商品成本，最大成本就是設計師的時間與腦力，當屋主認定設計師的價值時，再高的設計費也會支付，故適度地運用行銷策略，並加強軟裝陳設、工程收邊等細節就能影響消費者定價思考。

Q：如何選擇承包方式才能精準掌控工程品質，又不會因施工不當或錯誤造成毛利的耗損？

A：答案並非一成不變，應當因應公司狀態不同而有所調整，創立初期由公司統籌並統包才能維持設計品質並精算獲利率，但隨著案源變多，經營者不再集權，應當建立完善發案資料庫再由設計師安排，掌握品質也不失利潤，施工部分也能不再全部包辦，而是推薦工程隊，再與其拆分利潤。

工程專有名詞

發包方式中的「統包」、「全包」、「半包」

全包是設計公司承包所有工程，再發包給不同工班；統包則是設計公司僅專心設計，但推薦工程隊施工；半包則是設計公司只承包水電、木工、油漆、泥作基礎工程，其它設備則由業主自行發包。

PART 3

工作流程制定

照 著 做 一 定 會

POINT 1
何時應該建立工作流程？

工作流程對團隊和部門而言確實有強大的效果，若能妥善實行，它可以提供團隊所需的明晰度，藉以更快速地實現目標。工作流程可以是具有時效性並帶有終極目標的計劃（例如行銷活動、新進員工到職計劃和採購計劃），也可以是重複的流程和持續性的工作（例如設計工作流程、內容行事曆等）。以設計公司來說最重要的就是設計工作流程的制定，以及針對每個環節進行詳細的檢核。

POINT 2
純設計與設計兼施工與監管工作流程著重要點

良好且完善的工作流程不僅可以幫助工作順暢性，也能減少失誤，因此開業時就需要先制定完畢，台灣設計公司多分為純設計與設計兼施工與監管兩種模式，工作流程從洽談、丈量、設計提案、設計合約到設計完成，而如果有接工程還會有估價、工程合約、施工、完工、售後等階段。這兩者的營運關鍵各有不同，純設計重內部管理，相對單純但獲利較低；而一條龍模式因為承攬工程，金額大利潤較高，但是需特別注意發包流程與工程進度及品質的掌控。

設計公司策略	純設計	設計兼施工與監管
營運關鍵要素	內部管理能力 1. 專案時間與人力控制管理 2. 管銷費用控制	外部議價能力 1. 發包流程 2. 工程進度品質掌控

POINT 3

清楚有彈性的工作流程

為了讓工作流程能夠順利進行，需要制定清楚的工作核對時間表，以爾聲空間設計團隊來說，由主設計師統籌與分工，並安排以下設計工作流程，而因與業主溝通前皆需事前內部商討並調整，都還需提早一半時程完成，才方便進行內部的溝通與調整，因此在工作流程設定時，訂立較寬鬆有餘裕的時間，保有調整、修改的彈性，才能讓設計能夠盡善盡美。

爾聲空間設計工作流程
1. 丈量完後 10 個工作天提案
2. 平面定稿（讓業者有思考修改期）
3. 平面定稿後一個月交 3D 圖（含使用材料、風格）
4.3D 圖確認後一個月交施工圖
5. 施工會議（約需花一整天說明施工圖）
6. 修改完施工調整後邀約相關施工廠商現場場勘
7. 報價

POINT 4
工程檢核制度的確定

欲確實落實工程，需要有強而有力的稽核把關機制，一般來說，可將工程與採購發包分開，前者執行工程監管、註明追加紀錄；後者則能內部比對資料庫進行稽核。依照爾聲空間設計執行來說，設計師負責製圖、與業主開會、製作報價單和發包與監製工程，而主要負責人則需要確認材料合適與否？稽核工程請款與發包金額是否屬實等，進行專業分工。更建議依據工作節點，例如拆除、木工進場、油漆進場等重要關鍵工程時間進行「定時案場巡查」，才能預防問題的發生，或是及早發現問題並加以溝通處理，降低工程出錯的風險。

經營 Q&A

Q：只做純設計是不是就無法創造利潤？

A：由於早期台灣室內設計市場較無收取設計費的觀念，因此常讓設計師只能被迫選擇兼包工程從工程價差獲取利潤，但隨著收取設計費用觀念提升，設計量大並設計品質高的設計公司採用純設計方案，不僅能有收入還能減少人力控管支出。

Q：與設計公司進行工程策略聯盟，會不會被偷走設計？

A：的確！所有合作關係當然不應只建立在口頭說說，以白紙黑字合約簽立版權所有，才能確保設計落地下又保障設計權利。

Q：設計圖修改次數多影響工作時間，等於降低獲利，怎麼調整？

A：許多設計公司都已經將 3D 圖變成基本要求，但是究竟 3D 圖要畫到多細？業主又是否能真的體感也是一個問題，因此改為實地放樣感受也許是另一個不錯的方式，讓業主實際走進空間裡，用膠袋標出櫃體、插座，實際走一圈更能感受出是否符合自身需求。

工程專有名詞

節點

簡單來講就是施工中的重要關鍵時間點，通常像是現場交底、隱蔽完工、施工中期、完工驗收等 4 ～ 6 次，即便只做純設計，設計師也常會在這些時間點內到場確認提升落地完成度。

接案、報價、收款技巧

室內設計公司一開始靠的是關係行銷，但過了蜜月期才是考驗，需要擁有良好的提案技巧才能留住客人。而接案後如何報價、收款更是學問，不懂報價、收款可是會將「獲利變負利」，此章節即是幫助創業設計師掌握接案、報價、收款技巧，確保開公司賺到錢！

重點提示

Part1　**客戶接案、提案技巧。**接案、提案是設計的前端，如果接不到案，設計能力再強也枉然，放下設計師的主觀想法，站在客戶立場思考是提案成功的關鍵。詳見 P88

Part2　**報價制度與流程制定。**報價是整個室內設計交易環節中最重要的流程，如果報高了留不住業主，報低了公司沒有利潤甚或是虧本經營不下去，擁有良好報價流程與建立檢核機制才能精準報價。詳見 P91

Part3　**收款制度與流程制定。**款項總是收不回無法結案原因相當多，階段確實收款，凡事白紙黑字確認，完善的收款制度避免呆帳追不回。詳見 P94

怎麼會這樣？

小新以前在設計公司時覺得自己能力不錯，沒想到自己出來開公司，連客人上門都留不住，怎麼辦呢？

呈境室內裝修設計總監　袁世賢

1 換位思考是提案成功的關鍵。提案時先不要站在設計師的立場思考，而應該以設計師宏觀的角度，引導業主告訴未來的走向，並且懂得換位思考，設想客戶的需求並因應規劃設計，才是提案成功的關鍵。

2 使用話術接案容易產生日後糾紛。提案盡量不要用華麗的語彙、絢麗的展示進行溝通，雖然坊間有許多話術能吸引客人，但設計不是短期一次性買賣而是長達數個月到一年或以上的服務，誠懇、據實以告才不容易造成日後糾紛。

綵韻室內設計／京采室內裝修工程創辦人　吳金鳳

1 設計兼工程與監管運用設計費做議價籌碼。設計兼工程與監管的室內設計公司常會遇到顧客殺價的狀況，然而設計公司包工程主要是做整合性工作，收的款項多付給工班與廠商，利潤則是中間掌控工程進度與監管取得，因此難以折價，這時可以設計費來做為議價籌碼，因為設計費是付給社內能夠彈性調整，也不會影響工程獲利或造成損失。

2 預設停損點避免高額虧損。設計兼施工兼監管的設計公司是高風險產業，一個1000 萬的案子如果能賺 150 萬，就需要承擔 850 萬的風險，因此預設停損點很重要，當到達停損點時就該立即停止，婦人之仁萬萬不可。

客戶接案、提案技巧

照 著 做 一 定 會

POINT 1

站在業主角度提案取得差異化

接案、提案是設計的前端,如果接不到案,設計力再強也枉然,現在許多案子都是業主看到網路上設計公司的作品尋來,但是動輒百萬甚至千萬豪宅、商業空間等,業主要怎樣能在短時間內決定委託案件給你,接案與提案的過程與內容至關重要。呈境設計認爲在闡述自己的設計有多好之前,要先站在業主的角度去思考,深入瞭解客戶的需求,並針對業主有所疑問的內容好好解釋,再引導業主想清楚要做什麼事;而針對商業空間,企劃、營運策略、未來經營方式、目標客群等在設計之前先與業主溝通,從此取得差異化成功接案。

POINT 2

引導業主釐清需求提出合適設計

許多業主在找上室內設計師時其實並不了解自己的需求,有些人會說都交給設計師處理,如果後續眞的相信設計師的專業並且爽快付款,那是皆大歡喜,但是常有更改無數次最後不歡而散的狀況發生,因此在提案之前建議先引導業主釐清需求:多傾聽業主對案子的願景、協助釐清業主的主觀要求,並試著理解原因找到合適的設計方式,在設計之前溝通得越仔細,越能因應客戶需求提出相應的設計。

提案就如當導演說一個故事

好的提案能讓業主清楚理解設計師的設計內容、企圖與概念，並且解決客戶的需求。無論是生活實際的機能或是商業的營運策略，當沒有掌握好提案的方向與技巧就無法告訴業主，設計師能為他們提供什麼服務？而且業主可能因為接受資訊不正確、不完整而導致溝通上的落差。呈境設計認為設計師提案應該要像個「導演」說一個故事，利用起承轉合，控制每個場景如營造提案氣氛、透過每張 PPT 傳達設計企圖與內容等，而這要靠平時訓練語言表達能力，同時培養敏銳的觀察力，從業主言談之間，了解其對設計單位和提案的看法。

居家設計與商空設計接案流程

一般來說居家的室內設計接案流程為溝通洽談、場勘丈量、制定範圍、基本規劃、初步詢價等五大步驟，溝通洽談為業主找上門初步的接洽、訪談，接著進行場勘丈量：實地現況丈量、繪製現況平面圖，然後制定範圍：評論估價範圍、暫定用材等級並開始基本規劃：詳細討論設計需求、進行基本設計，如果針對設計沒有太太的意見則進行初步詢價。

居家設計接案流程

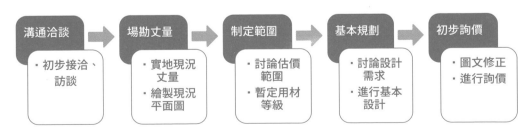

而商業空間設計和居家設計提案過程稍有不同，呈境設計提到當業主表達有合作意願時，會先進行第一次面談，首次面談不涉及案例設計，而是過往作品介紹，並對疑問進行溝通，再進行提案簡報、做平面的初步規劃與示意，並討論前端的策略、客群分析等，大型案子則會從產品定位、命名、未來的 TA（客群）、可能的方向闡述，此次的提案為現場展示，並不會提供業主任何資料，而是會後提出服務建議書與設計費報價，如果業主有合作意願則會先簽訂設計約或是合作意向書。

商業設計接案流程

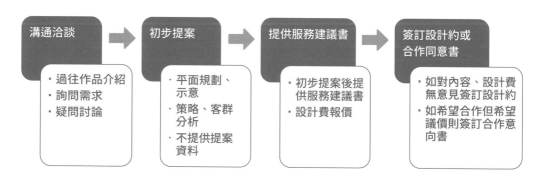

經營 Q&A

Q：如何在洽談前期判斷對方為有效客人？

A：在溝通前期即針對公司本身關注的方向做判斷，例如呈境設計認為有效客人有兩種條件，第一種是付得起期待的設計費，第二種則是非常認同設計師的概念、想法，兩種並存當然是最好，取其一就要衡量這兩種條件的比例與自己能接受的程度，例如客戶付得起期待設計費，但主觀意見強，這時就要思考本身是否為五斗米折腰；另一方面業主認同設計師的概念，但針對設計費議價，則需要判斷要不要為了能成為「作品」的此案對價格讓步。

Q：有沒有能讓提案順利的方法？

A：呈境設計提到想要讓提案能順利進行，於提案時不能只提供一個選擇，而是準備不同的方案，讓客戶方便比較優、缺點，也較不會天馬行空提出離譜意見。

PART 2 　報價制度與流程制定

POINT 1
報價跟收款一樣重要

因為現在資訊透明化，室內設計公司報價不能背離市場行情，還必須顧及業主對價格的認知，建立所謂的對價關係，並預留議價籌碼，才不會損及利潤。許多設計師常會忽略報價的過程，然而報價和收款制度的制定一樣重要，兩者都必須有效管理才能得到預期利潤。不同業務型態有不同的財務管理方式，純設計的室內設計公司主要在於財務收款與設計進度的跟進，而設計兼施工兼監管的全案設計公司，其利潤維繫在工程執行的單案毛利，報價更是必須精準，才不會因浮報降低競爭力，也不會因少報而損及收益。

POINT 2
完成所有設計，確認材質工法後才報價

報價是整個室內設計交易環節中最重要的流程，如果報高了留不住業主，報低了公司沒有利潤甚或是虧本經營不下去，因此無論是設計師或業主都要謹記，設計任何一動作、材質、工法都是錢，正確的報價流程應該是要在完成所有設計，並確認材質、工法後所報的價格才最為精準，切勿在前期為了留住客人而開出不相應的價格，而最後惹出糾紛。如果業主希望有粗估價格讓心裡有底，也應以一坪

多少錢，能做到大概什麼程度等讓客戶了解，此外，有關材質與設備的設定，設計師皆需陪同確認，避免計價基準不同造成價差。

POINT 3
無論是一條龍或是專業分工，報價檢核制度設定最重要

報價制度的設定對於設計兼工程與監管的室內設計公司尤爲重要，一般個人工作室或是小型室內設計公司，會由設計師就所設計的項目進行計價並向業主報價，這樣的報價方式優點在於設計師對於設計、材質及工法都有一定程度的理解，不論在發包詢價、計價或是在與業主報價都可以直接反應，但相對較難防弊也難擋疏失，必須要建立檢核機制確認無誤後才與業主報價。而如果是採取專業分工的設計公司，設計及工程部門多各自獨立，設計部完成設計後，交由工程部門就設計圖面進行發包計價，再由設計部對業主報價，最後交回工程部執行，而因爲部門各有負責的主管，可以就其負責內容進行檢核減少弊端與疏失，但因爲這樣的專業分工難以一步到位，因此報價制度最重要的還是檢核制度的設定。

設計師提案 → 專業（工務）審核 → 財務審核 → 老闆核定 → 報價

POINT 4
建立資料庫方便精準報價

現代數位科技的發達有助於資料庫系統的建立，現在有不少設計公司選擇自行開發 ERP 系統、套用公版 ERP 或是利用資料庫的概念建立工班及廠商的發包與計價系統，當進行報價時只要直接撈取資料庫即可進行報價，相當方便。而且因為發包價格是由系統操作，理論上可防弊也能阻止疏失的產生，但需要定期依照市場狀況與行情做檢核，並且對特殊設計、材質、工法及業主的特殊需求保有彈性，才能精準報價。

PART 3 收款制度與流程制定

照著做一定會

POINT 1

設計約與工程約分開簽訂，並約定分期收款

無論是純設計或是設計兼施工、監管的室內設計公司，設計約與工程約都應該分開簽訂，再依進度付款，其收款方式是依設計段落及工程進度而定。例如綵韻室內設計的設計費分為兩期付款：簽約 50%，設計完成 50%，設計完成收款後才會簽訂工程約，而工程約則分四期收款，第一期為簽訂合約後支付總工程款之30%，第二期則為木作進場時支付總工程款之 30%，第三期油漆進場時支付總工程款之 30%，第四期完工驗收後支付尾款 10%。

POINT 2

凡事白紙黑字確認，避免尾款扣押風險

室內設計多是先收款後施工，能收款代表上一階段工作已完成，但因為負責設計、監工及收款不一定為同屬部門，工程進度和收款流程若沒有串接，就會發生先施作後收款的狀況，如果工程順利結案當然最好，但如果工程有狀況或是與業主溝通有障礙，工程拖延就很容易造成現金缺口。綵韻室內設計表示：當工程無法達到客戶理想預期，收款就可能不順利，這不代表哪一方缺失，而是認知度不夠的問題，而減少紛爭的方式，不妨將施工材料及運用方式，附上實際樣本給客戶看，

並在每個階段告一段落時，會同業主到現場做階段驗收，而追加減設計及追加減價，都需要白紙黑字確認簽名等，就能降低尾款被扣押的風險。

無法確切收款時須立卽停工

當依階段收款時，若遇業主不付款，收款權責單位和工程部門應變一定要步調一致，千萬不要當財務部門還在與業主協商付款，設計或工程單位卻仍持續出圖及施工。綵韻室內設計舉例說：「以往曾有業主無法付款卻照常施工，最後鬧上法院兩年後才收回款項的案例發生，因此建議同業們在簽約時，就應明定付款期限及超出期限可採取的行動，若眞的發生也才能保障公司權益！」一般來說，業主不願或拖延付款必有其原因，一定是先解決問題，進度才能往前推，不能因爲熟客說下個月一定付款，或是擔心停工後，下次開工找不齊工班而硬著頭皮繼續施工，及時止損也是風險管控很重要的一環！

純設計公司收款化繁爲簡

如果公司收款總是出問題，加上現在資訊與價格太過透明，承攬的工程越多，利潤高風險也高，或是提早認知自己並不適合設計兼施工兼監管這樣的系統，改爲純設計公司也不失爲一個方法，純設計公司收款單純且主要在於設計進度的跟進，工程則讓業主自行發包，在旁協助給予專業意見（介紹工班、材料或是工法等）並從中收取諮詢與監管費用，可能是更符合利益的方式。

經營 Q&A

Q：明明公司業務量不低，但是卻常會有現金不足、週轉不靈的事情發生，怎麼辦？

A：錢付得永遠比收款來得快，現金流量始終都搞不清楚一直在補洞的設計公司常是說垮就垮，而且業務量高的公司垮得越快，因為設計公司收款很多都是要再付出去的，因此收放款制度要與工作流程連動才能確保獲利。

經營專有名詞

風險管理

風險管理（Risk Management），意指將可規避的風險、成本及損害最小化的管理過程，其目標是以最少的成本化解最大的危機，因此也牽涉到機會成本，必須衡量事件的處理順序及比重，做出最合適的判斷。

提案簡報、繪圖軟體技術

提案簡報是決定業主是否買單的關鍵。掌握設計核心要訣,適當加入影片
或是擅用道具呈現,才可以抓住業主的注意力,另外針對設計與繪圖軟體,
初期創業選擇時可從軟體定價、可擴充性、與產業的連動性以及每種軟體
呈現不同圖面的厲害程度來思考。

重點提示

Part1　　**提案簡報設計**。簡報的設計要抓住幾個重點,視覺配色必須具有整
體性、頁數建議控制在 20 分鐘內可表達完成的範圍,再來善用圖片、
搭配故事情境引導、道具材料輔助,就能提高說服力與創造吸睛度。
詳見 P100

Part2　　**繪圖與設計軟體選擇**。每個設計、繪圖軟體的特性不一,有些設計
軟體能呈現彩圖或動畫功能,有的功能則較為薄弱,可從公司經營
目標設定作選擇。詳見 P104

怎麼會這樣？

小明最近剛成立設計公司，提案簡報的時候不斷面臨被業主質疑，也無法達到共識，最後還是沒拿到案子，感覺白忙一場；另一個案子雖然成功簽約，但後續每個夜晚幾乎熬夜在畫設計圖，還要深化各種圖面，讓他考慮是不是乾脆有些圖面外包出去才比較省事。

實踐大學室內設計講師　陳鎔

1 把設計量化，提高說服力、創造對比差異。 舊屋翻新的業主通常最在意的就是裝修前後變化，透過你的設計可以讓空間變得更好用、更寬敞，但形容詞對業主來說缺乏感受力與共鳴，建議轉化為數據且創造差異，例如原本鞋櫃只能收納 50 雙鞋子，改造後可以增加到 100 雙，又或者儲藏室的使用空間是以往的 150%，採光部分也能藉由照度數據提供做出對比性，一點小技巧就能讓你的設計簡報更加專業。

2 加入影片與沉浸式體驗，增加提案的附加價值。 過去設計簡報提案多半包括文案、圖片構成主要內容，但最大的致命傷是無法從圖面展現動態、光影設計，建議可加入影像動畫或 AR、VR 實境體驗，突破傳統簡報架構邏輯，藉由影片傳達設計效果，不但能增加吸睛度，也能讓業主留下深刻印象。

TYarchistudio 設計總監　吳建禾

1 掌握實務知識與繪圖呈現的串聯。 相較於設計軟體的選擇，專業知識的建立更為重要，例如一塊人造石是 6 米還是 12 米 / 4 分夾板 1.2cm / 6 分木心板 1.8cm，這些都會影響設計的表現與後續施作工法，彼此是相互串聯的，畫得出來同時也得能落實才是最重要。

2 設計軟體的重點是畫哪些圖。 每個設計軟體所能表現的圖面有所差異，以平面、立面與剖面圖來說，BIM-REVIT 優於酷家樂，再來是 AutoCAD，最後為 SketchUp，但如果是彩現圖和模擬圖的呈現，排序為 SketchUp、BIM-REVIT、酷家樂，AutoCAD 則是最不易於設計，而影片與動畫功能，以酷家樂最為突出，3D 檢測圖功能則是 BIM-REVIT 與 SketchUp 最能呈現。

 **PART 1** 提案簡報設計

POINT 1
簡報時間宜控制在 15 ～ 20 分鐘內

人的耐心有限,太冗長的簡報反而會讓人煩躁,而且無法持續集中精神,就連全球知名的 TED 演講論壇也都將一場演說控制在 18 分鐘以內,所以時間上的掌控相當重要。實踐大學室內設計講師陳鎔說道,室內設計提案簡報大約控制在 15 ～ 20 分鐘,才可以保持業主的注意力,超過 20 分鐘就變成無效溝通,也會有從簡報變成上課的心情。在這樣的時間內,投影片頁數盡量不超過 20 頁,每張投影片時間最好在 1 ～ 2 分鐘之內結束,讓業主可以快速了解你想要傳達的設計概念與其他訊息。

POINT 2
善用圖片傳達、注意整體編輯美感

既然簡報的時間有限,那麼如何讓業主能在短時間之內接收到重點訊息,簡報內容就要盡量以圖片或圖表取代文字、用標題設計代替內文。圖案傳達絕對會比文字迅速,因此要減少密密麻麻的文字說明,將設計想法彙整出更具系統化、標題化的簡報設計。除此之外,既然身為設計產業,更不能忽略簡報設計的風格與美感視覺傳達,配色必須前後一致,而若是商業空間設計,不妨帶入品牌識別作為簡報主要用色,與企業的識別度更為吻合。

POINT 3

團隊力量、道具輔助、整體服裝搭配，提高成交率

剛創業開設計公司，多半沒有特殊背景加持，公司簡介上較為薄弱，如果有機會談到大型案件，建議可善用周邊人脈關係加入設計團隊採用共同合作的概念，「一個好的團隊陣容，會讓業主更有安全感」講師陳鎔說道。除此之外，陳述提案簡報時，若能搭配道具或是材料說明，也會更有說服力，講師陳鎔創立的亞菁設計便曾在高速公路休息站簡報時，直接展示提案內所選用的太陽能導光裝置，並強調此設計為台灣人研發、獲得許多獎項等，立刻抓住業主目光，另外像是穿著搭配、輔助道具都是簡報作戰的一部分。

POINT 4

塑造故事情境，簡報提案更加分

利用故事性可以增加業主內心對設計提案的附加價值，進而達到認同與歸屬感，提案被修改的機率大幅降低。而故事的開頭可以用一段感性的文字切入，講師陳鎔補充，真正說服業主、激起人們興趣的通常是感性，藉由簡短的一句話為開場白，吸引業主的注意力，再去連結主要故事框架，但切記無須評斷原始空間的缺點。例如他曾接到一間宜蘭度假宅，簡報開頭僅以「休憩、沉澱、充電」六個字作為設計主旨，讓業主腦中開始產生許多想像畫面，再搭配 villa、民宿這類休憩空間畫面，從業主喜好的圖片為設計延伸發想。

簡報設計盡量以圖取代文字,文字精簡扼要,讓業主短時間就能
接收到重要訊息。圖片提供__陳鎔

Q：提案簡報完成後有必要進行演練嗎？

A：如果時間充裕的話，講師陳鎔建議在向客戶提案之前，務必先實際演練一番，特別是針對企業型客戶，但要避免按照簡報的內容逐字報告，可採用重點摘要式做說明，同時先模擬客戶可能提出的疑問，嘗試自我答辯練習，即可讓提案更為流暢。

品牌識別

意即在消費者心目中所建立的識別性系統，通常在面對餐飲、辦公、產品櫃位等這類型商業空間，在設計規劃與提案時可融入品牌的標誌性符號、顏色或是圖形等元素，與空間產生連結，讓整體形象更為完整。

PART 2　繪圖與設計軟體選擇

照著做一定會

POINT 1
了解軟體定價與特性

室內設計繪圖與設計軟體大致上包含以下四種，AutoCAD、SketchUp 為目前室內設計公司執業使用最多的工具，選擇軟體有幾個思考的面向，包含購買價錢，這些軟體定價可分單次、年訂閱以及是否能多人使用等，若從四種設計與繪圖軟體來看，價格由高至低分別是 BIM-REVIT（NT.7 ～ 8 萬元左右 / 年）、AutoCAD、酷家樂、SketchUp（NT.2 ～ 3 萬元左右 / 年）。

1. AutoCAD：輔助電腦自動繪圖，穩定性與應用性高，可惜的是 3D 建模較為陽春。

2. SketchUp：前身為幾何建模，後來被使用於建築設計上，可以快速拉出量體、可貼覆材質多，且操作簡單直觀、直覺、易於上手，是目前較受歡迎的室內設計軟體。不過出圖的時候會產生很多不必要的麻煩，因不是設計軟體的主軸，建議搭配 LayOut 一起使用。

3. BIM-REVIT：2D 和 3D 整合在一起的資訊軟體，可全面解決設計問題，但對於完全沒有背景與相關經驗的人來說，需要較長時間的學習，包括瞭解平面、立面、材料，還要懂價格跟組合模式。

4. 酷家樂：比較像整合提案的 APP，為雲端設計軟件，介面類似 SketchUp，操作模式很方便，比較無法作細節設計，專業性有落差，但很適合快速溝通配置，以及預算不高的案子。

接案規模與設計軟體的關聯性

若以接案規模來分析，BIM-REVIT 適用於建築、大型公共建設到小規模住宅設計，較不受侷限，同時也能建立個體資料庫，甚至利用雲端組織工作團隊，處理較為複雜的案件，從未來發展與擴充度來看，更能與國際接軌，適合創業企圖心高的人。但假如僅是商業空間或是住宅設計，這類一般規模的案件，AutoCAD 或是 SketchUp 即可滿足。另外也有一種創業目標導向是以小案件、輕裝修、低預算為主，期望以量取勝的經營型態，或許可考慮使用酷家樂，可加速設計時間，同時又能產生影片與動畫。

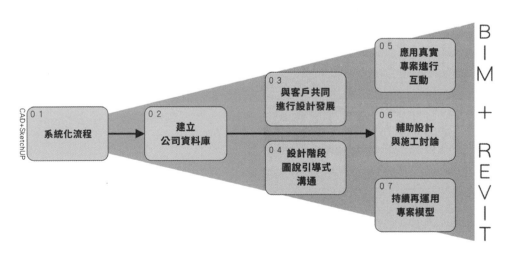

BIM 應用室內裝修設計的系統化流程，可大幅縮短設計與溝通時間。圖片提供__ TYarchistudio

經營 Q&A

Q：這些設計繪圖軟體一定都要會嗎？

A：身爲室內設計從業人員至少基本的設計軟體一定要會，建議 AutoCAD、SketchUp 皆具備爲佳，創業初期案源尚未穩定可先將 3D 或渲染圖外包製作，等到公司達到可擴充的階段，再來考慮是否需要設立專門分組繪製 3D 的人員。

經營專有名詞

BIM

建築資訊塑模（Building Information Modeling），將建築物在其全生命週期的各類資訊匯流至可視覺與參數化的三維模型的技術，運用其模型整合工程專案資訊，並藉以提高設計、營造、營運管理的效率，BIM 在當代經常被統稱爲軟體的新革命，但其所代表的是一項新的建築設計與施工的應用方式與流程，並且在其中導入全方位的創新與加值服務。

資料庫建立

很多設計公司聽到「建立資料庫」幾個字就覺得這一定是一項大工程，毫無頭緒且不知該如何開始。專家建議首先要做的是要釐清究竟爲何要建置資料庫，確立好之後則是進一步確認使用資料庫的用途與對象，接著按需求建立一套屬於自己公司的資料庫，才能達到資料庫建立的效果。

重點提示

Part1 **釐清建置資料庫的原因**。建置資料庫雖然是必須，但建置之前一定要先弄清楚要建立的原因，是希望提升設計與施工效率？還是能夠更有效地掌握成本與費用？詳見 P110

Part2 **確立資料庫的用途與對象**。建置之前弄清楚資料庫的用途爲何？也要確定使用對象是誰？因爲這將決定資訊呈現的方式。詳見 P113

Part3 **如何建置資料庫**。依據所需類別建立資料庫，資料庫一旦被建立後要確保它的即時、擴充性，同時也必須隨時去做檢核更新。詳見 P116

怎麼會這樣？

小美每進行一次專案，就要像大海撈針一般從以前的資料找起，超級浪費時間，而且資料沒有更新常需要重新詢價，等做好報價單，生意都被搶走了該怎麼辦？

每次報價時都要重新詢價，生意都被搶走了！

建立資料庫並定時維護更新，就能快速出報價單。

TYarchistudio 設計總監　吳建禾

1 依所選之製圖軟體決定資料庫的邏輯設計。建立資料庫之前要先確定好所選用的製圖軟體爲何，因爲不同的製圖軟體會影響資料庫的邏輯設計。以 BIM（Building Information Modeling，建築資訊模型／建築資訊塑模）爲例，所建立的資料庫分類編碼包含材料的特徵、尺寸以及材料的廠商與成本⋯⋯等，形成獨特品牌性的圖說系統，利於搜尋、分析與應用。

2 資料要能夠被串接並再利用才有意義。只有將善加整理過的貪訊導入資料庫中還不夠，還必須要能和設計與施作相互串接，進一步再做利用，才能眞正發揮它的作用。同樣以 BIM 爲例，它可以邊設計邊同步完成材料、元件等資料庫的建置，亦可持續累積系統化的成果，利於後續再做出不同的應用。

PART 1　釐清建置資料庫的原因

照著做一定會

POINT 1
公司型態本身有需求性

設計公司型態種類很多，以伊東豐雄建築設計事務所為例，屬於跨國型公司，除了在日本接案，更多時候是承接他國設計的委託，這時做一個項目不是自己的團隊說了算，實際上會需要牽扯到很多、甚至跨國團隊之間的協作聯手，一同來解決營建難題，這個時候就需要建立一套資料庫來協助，而資料庫所扮演的角色就在於清楚提供各個地域在材料特性、施作工法等資訊，有助於確保工程施工品質具有一致性。

POINT 2
讓設計與施工流程更精確、有效率

一間設計公司在發展的過程中一定會遇到「新血加入」、「人才換血」的情況，為了讓同事們皆能快速熟悉施作方式與細節，連帶讓工程進行順利、精準而且更有效率，TYarchistudio 建築師吳建禾指出，這時公司如果有建立一套資料庫，那麼它就可以用來提供完整的、有效的、一致性的、正確的施作資訊，甚至將組織內必用、常用、慣用的設計圖面一併納入到資料庫中，讓項目能夠更有效率地被執行。

讓過去的經驗值能延續再利用

執行專案項目的過程中，面對每一次的經驗，都是公司內部重要的資產，倘若過去的經驗不能好好的整理、歸檔，等到要用的時候，不是找不到資料，更別說要傳承與再利用了。因此，將這些經驗資料載入資料庫，不管是工法、材質，甚至是設計手法、錯誤提醒等，都可以成為資源。他日當同仁有需求時，便可依據不同的要求進行檢索，使經驗傳遞不會有斷層情況，再者也可運用在其他設計上，讓過去的經驗累積、延續再利用，並發揮它最大的效益。

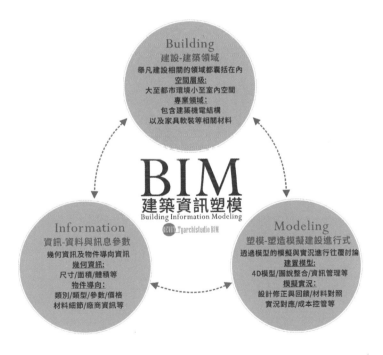

資料庫的建置可以有助於設計人員在設計規劃上更趨於精準。圖片提供__ TYarchistudio

POINT 4
更能夠精準掌控成本與費用

《設計師到 CEO 經營必修 8 堂課》提及，對於設計兼施工與監管的全案設計業務型態設計公司，除了設計費外，最重要的利潤來源在於施工。除了工班及設備廠商的採購發包，要保本維持一定的利潤外，如何透過承包方式的選擇，掌控工程品質，避免因施工不當或錯誤造成毛利的耗損也是至要關鍵。這時經營者必須建立一套資料庫，將工班、廠商依其品質及費用進行分級並制定價格，讓同事可以依據業主預算進行採購發包，不只可避免低價高發造成工程利潤耗損，或是高價低發品質不佳影響口碑。

經營 Q&A

Q：資料庫聽起來就很複雜很可怕，還是得做嗎？

A：不要未做之前就先被「資料庫」三個字嚇到了，它其實是將「資料」轉換成「資訊」的一連串處理過程，資料經儲存之後，一群相關資料的集合體即為資料庫。別小看這輸入、處理、儲存的過程，它能讓單純的資料變成有用的資訊，既能用來快速查詢和分析，亦能延伸作為輔助設計、決策等用途。為了讓專案在執行過程中更有效率與系統化，建議仍是要建立公司組織的一套資料庫。

PART 2

確立資料庫的用途與對象

照 著 做 一 定 會

POINT 1
利於專案管理並提出最佳決定方案

專案管理啟動時，毫無規劃是很難成功的，必須在專案啟動前就確認好方向、方式、流程等，才能掌握好專案的進度與目標。這個時候如果有一套資料庫，那麼它就可作為專案執行人員在規劃前的參考依據，藉此從中找到適合的工法、材料、設備等，為專案找出最佳的解決方案，這樣一來不只可以避免與業主期待不一致而產生糾紛，二來在專案執行過程中，若有不同成員加入也能很快進入狀況。

POINT 2
解決施工圖與估價的反覆困境

建築師吳建禾提到，修改設計圖是設計發展過程中必然的優化過程，但是，傳統設計製圖多半出自設計師之手，連帶相關的圖說資訊、材料資料也都是靠經驗累積而成存於人腦中，其實是無法快速應用的。如果能夠建立一套資料庫，它跨越單純查詢與分析功能，而且能進一步串接設計與施工生產鏈，這不僅能解決施工圖與估價重工、反覆無當等問題，更重要的是，還能達到人力高效化與成果高利潤化的作用。

POINT 3

設計與施工端能有良好的溝通

室內設計的裝潢工程項目多又雜，以木作工程爲例，它不只繁瑣且又常和其他工程相互結合，這個時候如果有一套記錄完整建材、工法的資料庫，那麼執行專案的設計師從選材到施作，就能與執行端有比較精準的溝通依據。特別是像木作中常見的角材，其厚度不同，通常 1.8 吋 ×1 吋的角材會用來作爲隔間骨架，層板骨架則多以 1.2 吋 ×1 吋爲主，設計時可以將這些資訊一併標注在圖說中，屆時一併提供給施作師傅，就能避免現場憑感覺做或是誤判的情況。

POINT 4

利於設計與施工端的檢核作業

一般設計公司組織分工，多是由設計師獨立作業，從商務洽談、概念發想、設計深化、發包施工、監工驗收到完工，由設計師專責完成。如果能有一套資料庫，設計師在進行設計、估價時直接撈取資料庫即可套用，十分省事。另外，對於設計手法以及所使用的材質、工法不夠理解的設計師而言，資料庫不只是他們在設計時的參考依據，當專案進入到執行過程時，也能以此隨時利用資料庫中的資訊進行檢核、比對，以確保施工品質。

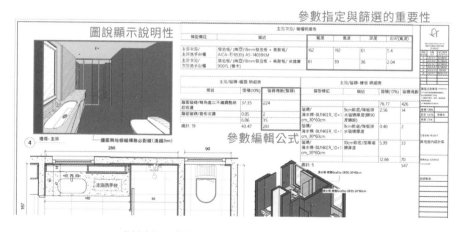

資料庫裡面的資訊羅列的愈詳細愈好，有助於提升作業效率。圖片提供＿ TYarchistudio

PART 3 如何建置資料庫

照著做一定會

POINT 1
按所需類別建立資料庫內容

如同前述,建置資料庫是依據所選的製圖軟體來決定它的邏輯設計,以 BIM 系統為例,會將所使用材料或設備的名稱、廠牌、型號、色系、材質、尺寸、價格等資料納入外,還會特別多加開欄目將施工的標準規範與標準圖說等訊息列入,建築師吳建禾特別強調,資料標示得愈清楚愈好,在專業的管控下,原本零碎的資料能被整合成有用的資訊,有利於使用者蒐尋與分析之外,也能夠讓負責專案的設計師保有選擇與搭配的彈性。

POINT 2
資料庫建立的即時性與擴充性

隨著設計的創新,材料、設備、甚至工法不斷地推陳出新,再加上近幾年因全球原物料、半成品等相關材料價格上漲以及通膨因素,營建、裝潢成本漲勢明顯,為避免資訊不對等而產生的經營風險,資料庫數據在採集上,必須考慮即時性與擴充性,利用可隨時更新之功能,把各種新產品、工法技術、變動價格等資料做連動更新,利於同仁在設計參考選用之餘,也有助於了解市場發展。

POINT 3

資料庫資料千萬別想到才更新

建築師吳建禾提醒，資料庫不是建置完就停止，必須隨時更新保持彈性靈活才有意義。資料庫也不能是想到才做更新，這樣既發揮不了作用也無法與市場接軌。例如施工的標準規範是會隨著材質、師傅「手路」的不同等，多少都會有些差異，若這些在資料庫的管理上能做到即時檢核、同步更新，既可省去找同事要資料的時間，也可以讓團隊執行專案過程的資料更清楚、不遺漏。

POINT 4

要確立好資料庫的實用性

建立資料庫之前還是得要依據公司的經營型態來做建置考量，因為實際所需資料庫型態是不同的，如果公司本身是專門承接建築、公共工程，那麼對於營建、工程相關的資訊需求會更為迫切，在建置資料就需要以這個作為導向，若公司本身以室內裝潢設計為營業項目，除了室內設計工程相關、連帶對於陳設軟裝的資訊建置的需要量也會高得多，建置資料庫時，工程、軟裝就會一併納入考量。

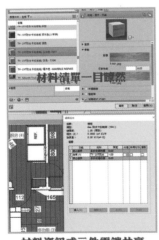
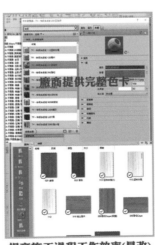

材料資訊或元件雲端共享　　提高施工過程工作效率(易改)　　跨產業合作提高客戶滿意度

| 願景 | 室內設計與裝潢產業的串接 |

資料庫的更新頻率勿間隔太久，利於發揮即時性也能掌握市場最新訊息。圖片提供＿ TYarchistudio

經營 Q&A

Q：資料庫該多久進行更新呢？

A：資料庫的更新頻率雖然沒有制式規則，建議資料的更新頻率最好高於預設更新頻率，即原本預設是每月更新，但若能慢慢將更新頻率推進到兩周一次、一週一次，甚至是即時更新，那麼這不只能改善查詢效能，也有利於掌握市場最新訊息。

經營專有名詞

經營風險

企業在經營過程中，因各個環節不確定性因素而產生的影響。隨者產業和經營內外部環境不同，形成的影響和風險也不同。

財務系統建立

財務管理是企業管理的基礎,能賺錢、會賺錢的設計公司,通常都很重視財務管理,且財務絕對不是記流水帳而已,如果連利潤從哪裡來都不知,該如何做好金錢管理?開公司看不懂財務報表又怎麼能知道經營狀況呢?

重點提示

Part1　**正確的財務管理觀念。** 經營公司沒有正確的財務系統,就算是室內設計公司這種以販賣設計知識、整合技巧為主的公司也會虧大錢,擁有正確的財務知識相當重要。詳見 P122

Part2　**財務報表內容與檢視 1 損益表、資產負債表、現金流量表。** 財務管理一定要看懂報表,財務三大表:損益表、資產負債表、現金流量表內容是什麼?該怎麼檢視?詳見 P127

Part3　**財務報表內容與檢視 2 專案毛利表、損益兩平點。** 經營室內設計公司,專案毛利表、損益兩平點更需要掌握,內容是什麼?該怎麼檢視?詳見 133

怎麼會這樣？

設計公司老闆小新，因爲不想碰錢，財務都交給助理處理，她不了解公司的金流運用也不知道獲利狀況，且公司和私人戶頭共用帳戶，需要錢就直接請助理領給她，結果遇到一個大工程的延宕，發現帳戶的錢開始無法支付材料、工錢，甚至連員工的薪水也付不出來……

明明公司案子多應該有賺錢，怎麼帳戶會沒錢？

因爲你公私不分，且也沒有現金流、週轉金的概念，難怪現在連員工薪水都付不出來。

萬騰聯合會計師事務所會計師　莊世金

1 擁有正確的財務、法律知識。 無論開設什麼類型的公司，都必須要有正確的財務及法律知識。許多人認為創業是要創造業務、營收，但我認為正確的創業應該是「創造工作的價值，把錢放到口袋裡」，而這需要靠財務與法律才能做到。

2 確實收款得靠簽訂詳盡合約。 許多設計公司老闆抱怨設計案最後錢都收不齊，收款關乎法律契約的問題，包含如何跟客戶簽約、收款，契約變動時應該收費或者不收費，應該加簽契變還是追加減？這些都是公司經營者應該了解的部分，常常大家認為收錢是動動嘴巴的事，但是最後因為對法律不熟悉，得用一生來償還。

緂韻室內設計 / 京采室內裝修工程創辦人　吳金鳳

1 公私帳分明，記錄所有支出收入是基本功。 許多剛創業的設計師公私帳不分，也看不懂公司財務報表，這也難怪經營管理一團糟，建議就算一開始不懂得看財報，也要仔細搜集所有發票，記錄所有收支明細，並且公私帳分明，收到的款項應提列管理費、設備、薪水、工程支出後才是淨利，整體完工確認利潤前都不應該隨意使用。

2 看懂三大財務報表，就能掌握公司營運。 設計師是非常感性的行業，而財務管理則非常理性，兩者位於天平兩端，因此一般中小型設計公司的經營者，常認為財務是件難事而置之不理，最後影響公司整體營運，但其實只要掌握淺顯的財務知識，看懂損益表、現金流量表、資產負債表，就能讓財務運轉上軌道。

PART 1　正確的財務管理觀念

照 著 做 一 定 會

POINT 1
記錄功能要落實

財務系統建立，要注意記錄功能要落實，記錄工作就是俗稱的「會計」。會計的目的是爲了要記錄眞實資源的進出，而不是記錄發票的進出，如果有發票沒有眞實的資源，或是沒有發票卻有眞實的資源進出，這樣的狀況常會造成困擾，如果依據這套帳務來做決策，會造成決策上的誤判。例如，跟人家買的發票，或是配合其他廠商開立假發票給其他人，就是有發票沒有眞實的資源（這是違法行爲，請勿效法）。然股東投資或是跟銀行借款，都不是營業行爲，屬於投資與借貸不用開立發票，但是在帳冊上需要記錄，是爲沒有發票卻有眞實的資源進出。

POINT 2
公帳私帳分清楚

相較於其它行業，室內設計師要創業當老闆的門檻不高，不需要有太多資金，只要有案源，具有一定的專業，執行過程沒有太大出錯，能按時收款支付費用，就能賺錢。但因爲這個行業經手的錢雖多，卻多爲代收款項，如果擅自動用，常會造成難以預期的後果，因此室內設計經營者最基礎也是最重要的的財務管理觀念即是公帳、私帳要分清楚。老闆也是與員工相同是領收薪水，讓公司的每一筆收入與支出都能條列清楚，帳目才會清楚。

建立財務管理報表

財務是公司的命脈，擁有建全的財務管理系統，不只能夠幫助經營者了解公司的實際獲利情況，更可以通過財務報表掌控公司經營狀態，清楚什麼該做，而什麼不能做，確保公司經營能夠走向永續。而雖然會計報表類型很多，但以室內設計公司經營來說，損益表、資產負責表、現金流量表、專案毛利表及損益兩平點計算是最基本且必要的。其中損益表顯示公司時間內賺賠狀態；資產負債表能看出公司經營狀況及資源；現金流量表則顯現公司現金的流向；專案毛利表展現利潤控制的結果；損益兩平點可以固定成本與變動成本掌握管理決策。

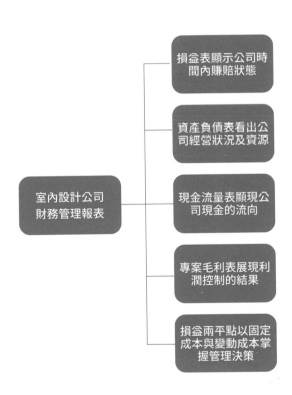

POINT 4

最後留下來的才叫賺

雖說室內設計都是先收款再設計或施工，但並不是所收到的款都會進公司口袋，尤其是工程費用，很多都只是代收代付，賺的是工程發包管理的價差利潤。而且室內設計以人力智慧整合為主的產業特性，當無法精準掌控人力、時間成本就很容易發生虧損。有些人認為案子收到款項就是賺的錢，但其實利潤計算除了要扣除主要的單案人力及業務執行成本之外，必須要再扣除公司營業費用包含租金、水電、雜支等及營業稅才是淨利所得。

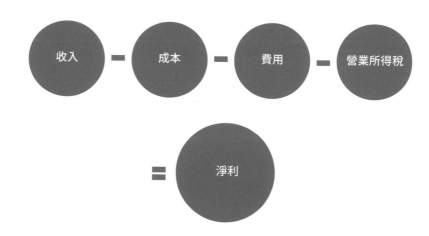

了解收入來源確保利潤

任何產業都有其獲利模式及利潤關鍵,室內設計當然也是,跟所有產業一樣,室內設計公司的收入也可區分為業內及業外。業內收入來源不外乎設計費、工程費及監管費(或稱為工程整合管理費用),而純設計業務型態的設計公司主要收入則來自於設計費及監管費;設計兼施工兼監管的設計公司除了設計及監管費外還有工程費,其中設計及監管費為固定收入,工程利潤的高低仰賴於工程能力掌控能力則為變動收入。因為每一項收入都有必須支付的成本及耗損,因此要清楚每項收入與支出,是確保利潤的關鍵。

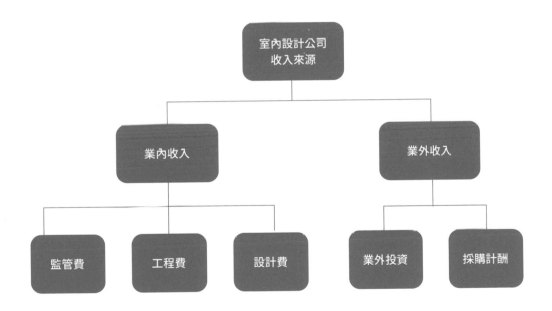

經營 Q&A

Q：財務交給擅長經營的合夥人打理，沒想到合夥人卻捲款而逃該怎麼辦？

A：因為是不擅長的領域，身為公司的經營者可以將經營事務委託他人管理，但還是要對財務與法律事項有所認知，清楚所簽訂的每個合約與看懂財務報表，了解公司獲利關係，才不致於發生事情時措手不及。

經營專有名詞

利潤

利潤可細分為毛利、純利、稅前利潤等，用以財務分析，了解企業的表現。

PART 2　財務報表內容與檢視 1
損益表、資產負債表、現金流量表

照 著 做 一 定 會

POINT 1
作報表需至少通過丙級會計事務考試

本章節旨於介紹財務報表的內容與檢視，並不代表了解其原理即能馬上操作，公司財務正常會請會計人員來作業，正統會計的程序至少會有分錄、過帳、試算、調整、結帳、編表，才有辦法編出損益表、資產負債表及現金流量表等，雖然現在大多數由電腦軟體來編製，只需要輸入分錄、電腦就會直接走到最後編表程序跑出報表，但要能夠寫出分錄，至少需要學會初級會計（實務上的丙級會計事務考試）以上，才能對借貸法則、或是會計五大要素的操作足夠熟悉，並有辦法下正確的分錄。為避免帳目出錯，公司內財務報表製作仍建議交給會計人員、會計顧問或是委外會計師處理。

POINT 2

損益表內容

損益表是公司重要的核心財務報表之一,透過獲利與支出能顯示公司時間內的賺賠狀態,損益表主要分為收入、支出、稅前淨利及稅後淨利,以室內設計公司舉例:

收入：包含業內收入及業外收入。純設計型態的設計公司主要收入為設計費及監管費,而設計兼施工兼監管的設計公司則為設計、監管費及工程費,此外,採購服務及延伸專業跨域服務則是室內設計公司常見的業外收入來源。

支出：分為成本及費用。純設計的設計公司,單案的人力及所產生的費用視為成本;設計兼施工兼監管的設計公司除前者外工程發包也是直接成本;而一般設計公司費用,主要為管理費用如人事薪資及銷售費用如辦公開銷所產生。

稅前淨利：總收入減去總支出,但還沒扣除稅費之前的淨利。

稅後淨利：總收入減去總支出,再扣掉所得稅費用之後的淨利。

損益簡表（XXXX 年 1 月 1 日至 12 月 31 日）

營業收入	100
－營業成本	(60)
營業毛利	40
－管理費用	(10)
－銷售費用	(6)
－研發費用	--
營業淨利	24
＋營業外收入	--
－營業外費用	--
－折舊及攤提	(4)
稅前淨利	20
－所得稅	(4)
稅後淨利	16

POINT 3
營收好不代表利潤好，要看最後淨利

攸關企業成長的三條線，也就是損益表中由上而下最重要的三條線：分別是最上面的營收線 (upper line)，以及最底下的淨利線 (bottom line)，以及中間的毛利。當營收成長時，代表室內設計公司的接案數量增加或是專案總價金額提高，也代表公司有著獨特價值與市場吸引力而能創造更好的營收，但這不一定代表擁有更好的利潤，透過損益表總營業收中減去營業成本、營業費用，才是本期的營業淨利，接著考量業外收入、業外費用、折舊與攤銷之後得到稅前淨利，再繳完營利事業所得稅之後才是本期的淨利，也才能真正知道營收成長是否帶來更好的利潤。

POINT 4
資產負債表內容

資產負債表就是了解一間公司某一個時間點下的財務組成，表格由資產、負債、股東權益所組成。資產負債表分為左右兩邊，左邊是資產包含了流動資產像是現金、應收票據、帳款及其它應收款，還有固定資產像是辦公室不動產、設備等及無形資產像是專利，以及其他資產；右邊上方為負債，含括短期或長期的借款、應付票據或帳款及其它應付款等；右邊下方則為股東權益像是股本、保留盈餘及累計虧損都是。

資產負債表

資產	負債
• 流動資產 如：現金、應收票據、帳款及其它應收款	• 短期負債 如：應付票據或帳款、短期借款、其他應付款
• 固定資產、無形資產 如：辦公室不動產、設備等及無形資產比如專利	• 長期負債 如：公司債、長期借款
• 其他資產	**股東權益**
	• 淨資產 如：股本、保留盈餘、累計虧損
資產總計	**負債與股東權益總計**

POINT 5

應收帳款可能從資產變成呆帳

資產負債表不只能看出公司某一時間點的經營狀況，還可以了解公司資源分布的情況，可以讓經營者更清楚公司有多少資源能被應用。資產能看出公司擁有的各種經濟資源，公司運用這些資產能帶來利潤、現金流量。然而，要特別注意「應收帳款」與「存貨」項目的異常變動，若是公司長期無法收回錢，那應收帳款就會在資產不斷的累積增加，出現虛增資產的現象：當收到錢，應收帳款才能轉為現金，如果沒收到錢，應收帳款會變成呆帳。因此建議資產負債表應結合損益表、現金流量表來進行綜合分析和判斷，才能看出帳目是否有問題。

POINT 6

現金流量表內容

現金流量表紀錄公司實際收到多少錢、付出多少錢。而一般公司現金流主要為經營本業的營業現金流、購買設備或投資買賣的投資現金流及投資借款與股利還款收回的融資現金流。營業現金流可能為：工程款、材料費、員工薪水、業主付款等；投資活動則可為購買辦公室設備、增加生產線等；融資活動則包括與銀行借款等。而經營一家穩建公司的鐵則就是本年度所生產的現金流量，是足以支應公司所有開支。

現金流量表

	第一年	第二年
營業活動		
向業主收取	500,000	400,000
支付供應商	(400,000)	(280,000)
其它開支	(100,000)	(50,000)
利息與其他支出	(20,000)	(10,000)
所得稅		
營業活動現金流入（出）	(20,000)	60000
投資活動		
購置固定資產	0	0
投資活動現金流出	0	0
融資活動		
借款	100,000	0
發行新股	0	0
股利	0	0
融資活動現金流入	100,000	0
現金增加（減少）	（80,000）	60000
初期現金餘額	5000	85,000
本期現金餘額	85,000	145,000

POINT 7

現金流量表確認獲利的品質

對室內設計公司而言，每一個設計案的開始就是一個專案的開啟，專案專款專用是應該的，但因設計案多是並行，也不可能爲每個專案在銀行開帳戶，且工程款大多爲現金支付，很少開票據，因此若無法掌控好現金流，收款速度永遠比付款速度慢，很容易發生經營危機。這時候不能只看損益表，因爲損益表、資產負債表都是採用應收應付制（應計原則），還要搭配現金流量表，確認獲利的品質，避免不眞實的獲利。此外，建議要儘可能收得快付得慢，或是按照業主付款的速度步調來支付下包的款項，才能避免遇到上述的問題。

經營 Q&A

Q：公司已經請了會計做出入帳，案量也不少但還是常常跑三點半怎麼辦？

A：財務僅有出入帳並無法了解帳務全貌，尤其室內設計公司付款可能比收款來得快，當案量大已具規模時更需要專業的財務管理，才能了解公司整體的經營狀態。

經營專有名詞

折舊

折舊在會計學是指在一個期間使用的部分，使其提列成資產的減少以表示使用的紀錄。例如房屋及建築就是其中一個須提列折舊的物品。

攤銷

攤銷是將無形資產的成本分攤到特定時期的方法，通常是指資產使用壽命的過程。

應計基礎

又稱權責發生制或應收應付制。它是以收入和費用應不應該計入本期爲標準，來確定收入和費用的配合關係，而不考慮收入是否收到或費用是否支付。

財務報表內容與檢視 2
專案毛利表、損益兩平點

照著做一定會

POINT 1
專案毛利表製作

專案毛利表的製作是為了管控每一個專案的執行結果，確保專案中每一筆支出都符合原估算成本，不會損及其預期毛利，讓經營者知道其利潤控制的結果。

公式：收入－成本＝毛利。

專案毛利表

	報價	估算	實際收付款	備註
收入	1,000,000	1,000,000	900,000	收款進度
拆除工程	(50,000)	(40,000)		
追加減				
泥作工程	(190,000)	(150,000)		
追加減				
水電工程	(130,000)	(100,000)		
追加減				
油漆工程	(150,000)	(120,000)		
追加減				
木作工程	(110,000)	(190,000)		
追加減				
鋁窗工程	(50,000)	(40,000)		
追加減				
毛利	320,000	360,000		差異檢討

POINT 2

專案完成後做差異檢討

室內設計產業傾向以專案來執行，所以了解專案毛利率有其必要性。不管是以設計費為主或是以設計兼施工與監管的營收模式，都需要知道設計、工程、施工等直接相關的營運成本是多少。尤其設計兼施工與監管業務型態的設計公司更是需要專案毛利表，因為工程毛利是其重要收入，但因室內設計工程繁瑣，且報價、發包及管控的結果都會影響毛利，加上工程進行中，不免有追加減帳，不管是業主主動追加或是設計師錯誤修改都應計入成本中。若要確保收益一定要清楚專案毛利收支狀態，並在每一次專案完成後做差異檢討。

POINT 3

利用損益兩平點進行公司管理決策

創業者創業前，常會問到的問題是：一個月營收要達多少才能收支打平？這就是損益兩平點的概念，意思是公司營業額或銷售量到多少時，可以剛好不賺不賠。莊世金會計師提到，三大報表主要是做給外部看的，公司內部可以更直接利用損益兩平點計算表，透過固定成本和變動成本的分析進行公司管理的決策，有助於事業風險的分析。

利用損益兩平點做設計專案管理

而以設計公司舉例，損益兩平點可作為專案管理，例如一案利用損益兩平點公式，可以清楚知道該案是否獲利或是虧損，藉此可以有效確保工程利潤，同時在前期就能做好決策。

損益兩平點公式：

工程收入 - 工程成本 = 工程毛利

工程毛利 - 營業費用 = 工程淨利（工程淨損）

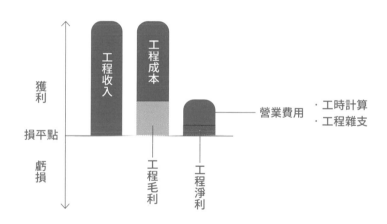

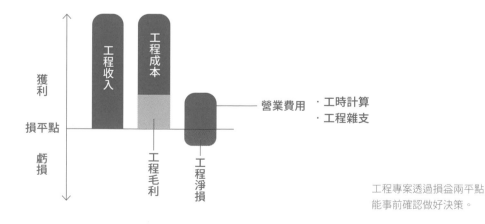

工程專案透過損益兩平點
能事前確認做好決策。

經營 Q&A

Q：原本都接小坪數住家案，但最近有機會接到兩千萬的豪宅案，可以接嗎？

A：兩千萬的工程案，一開始能收到總金額 1／3（約七百萬左右）的款項，但是有許多費用需要支出如材料、木工等，中間階段若沒有做好，很可能會影響第二期請款進度。有鑒於此，綵韻室內設計友情提示：接案最好由小而大，慢慢累積自己的現金流，由過去的經驗值來看，當有 300 萬的週轉金時，可以承接 600 萬左右的工程案，亦即在公司能夠承擔的範圍內接案，較不容易遇到問題。

經營專有名詞

固定成本

固定成本相對於變動成本，是指成本總額在一定時期和一定業務量內，不受業務量增減變動影響而能保持不變的成本。

變動成本

變動成本與固定成本相反，變動成本是指那些成本的總發生額在相關範圍內隨著業務量的變動而呈線性變動的成本。

專案控管

經營設計公司能夠獲利最重要的關鍵就是在於時程、成本及品質的精準掌控，而每一個設計工程案，從接洽客戶、丈量提案、設計合約、估價、施工、完工到交屋保固，時間長達數個月甚至數年，要讓設計能落地並且有一定品質，就算是有相當經驗的設計師，過程中都難免有疏失，更何況還得要求在預算內完成，更不用說新進設計師的風險更高，因此透過專案管理將每個設計案視爲專案才能有效掌控進度，確保品質。

重 點 提 示

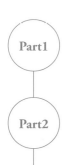

專案管理步驟與執行。了解專案管理重要性，把每個設計案都當作一個專案，並且制定詳盡內容。詳見 P140

專案內容控管。執行設計案專案管理，針對客戶、合約、發包採購、工程等過程的風險進行控管。詳見 P146

結案後的資料整理。結案後資料整理流程與管理方式十分重要，並且善用數位系統使其達到最大的使用用途。詳見 P150

怎麼會這樣？

小明從一個人的設計工作室開始接案，因為設計好、施工佳深受客戶信賴，案量突然爆增，因此很快地進入公司擴編，聘請其他設計師來輔佐、消化案件，沒想到客人卻開始抱怨施工品質不良、交期一直延誤等，公司也常常收不到款項，過了一年後當初爆量就如曇花一現。

專家應援團出馬

演拓設計主持設計師　張德良

1 開業時就做好專業管理規範。不要認為公司小就可以便宜行事，越小的公司越是需要做好專案管理的相關規範，而開業時是最適合的時候，對後續公司擴編、案件增加都有重要且深遠的影響。

2 專案管理從創業起由專人負責。專案控管需要有個專人來負責與執行，最好是創業時即在公司的人：負責人、合夥人、創業員工等才能完整掌握流程，且專案管理牽扯公司經營管理的多方面向：設計、工程、行銷等，此人必須能定時更新公司管理的概念。

i 室設圈│漂亮家居總編輯　張麗寶

1 專案管理落實設計、掌握品質、確保獲利。專案管理最重要的三個要素就是時間、品質及成本，而在室內設計專案管理中，工法、工序、工時關係著品質和時間，設計、採購及發包影響品質與成本，透過專案管理不只可落實設計，品質能在經精準掌握環節後提升，更重要的是確保獲利。

2 專案管理啟動前即確認完整企劃方向。專案管理若啟動時，毫無規劃是很難成功的，必須在專案啟動前，就確認好方向並製成專案企劃書，來指引參與專案執行人員，這樣不只可避免與業主期待不一致而產生糾紛，專案執行過程中，若有不同的成員加入，也能很快的進入狀況。

PART 1　專案管理步驟與執行

照著做一定會

POINT 1
專案管理的重要性：避免「瞎忙」

設計公司剛創業，只有一人、兩人能接的案件有限，專案控管比較單純，但是當公司擴編、案件增加時，人一多事情就複雜，而且室內設計產業是量身定做的形式，每個屋主都有自己的個性、做事方法與原則，因此會產生許多變數，當這些變數沒有透過專案管理，後面的執行就容易延誤，導致無法如期完成，公司的獲利也會下降，甚至越做越虧，就算案子再多也是「瞎忙」。

POINT 2
設計公司專案管理的執行步驟

一個專案管理會有啟動、規劃、執行、績效、結案五步驟，室內設計的專案管理，一定要結合執行流程，才能掌握好專案的進度及方向，要如何開始呢？i室設圈｜漂亮家居張麗寶總編輯依照整個設計案流程並整合專案管理的階段提出下列執行步驟（結案於 Part 3 有詳盡說明），每家公司略有不同，可再自行調整。

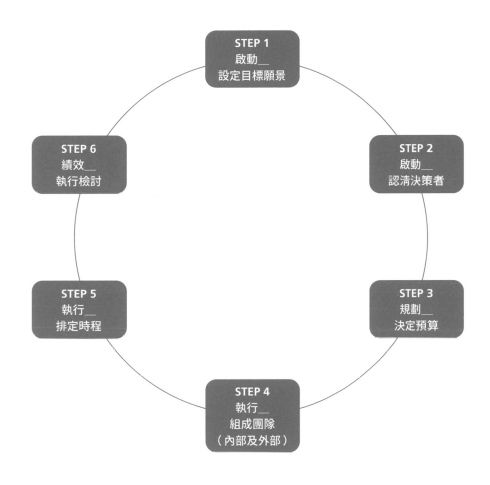

Step 1. 啟動＿設定目標願景。專案願景規劃時,要具有場景感,越清晰越能夠凝聚專案所有人及執行者的共識。

室內設計對應流程:與業主接洽→說明→簽訂合約→初次設計提案

Step 2. 啟動＿認清決策者。因爲專案執行者除了須面對公司還需要面對顧客，且常常業主不止一人，專案執行者得認清決策者，避免時間、成本的損耗，更甚者是無法結案收不到錢。

> **室內設計對應流程：**確認主要聯繫、決策者→深入訪談→完成草案設計→粗估預算

Step 3. 規劃＿決定預算。在專案執行中時間、成本及品質是互相對應的，設計者有必要建立業主的對價觀念：令業主理解好的品質需付出同等預算，建議於啟動專案前就有意識的引導業主，便於預算設定與執行。

> **室內設計對應流程：**平面圖確認→設計發展包含材質、色彩、燈光等計畫→配合廠商詢價→最終預算確認

Step 4. 執行＿組成團隊（內部及外部）。專案執行前，設定好成員在團隊的角色及工作內容，才能更有效率地被執行。

> **室內設計對應流程：**內部成本預控及預算策略提出→發包策略決定包含統包及分包→協力廠商確認→團隊聯繫系統建立

Step 5. 執行＿排定時程。時間的排定是專案執行的重點，需依設計爲專案擬定各項工作的時程，並要能隨時更新，且最好與財務串聯收付款，才能確保專案執行的收益。

> **室內設計對應流程：**製作專案執行時間表→包商進度安排→材料確認檢核→協力廠商及包商合約責任、付款方式確認

Step 6. 績效＿執行檢討。當專案開始執行時，就要確實記錄每日日誌，且要隨時進行檢討，避免變更、人員異動時的落差。

> **室內設計對應流程：**建立作業及品管流程→設計變更確認→追加減帳確認

專案管理方法應用：SOP 表格的建立

演拓設計從創業之初開始就將專案管理與 SOP 表格結合，一方面因爲整個設計流程太過瑣碎，所以透過 SOP 執行不易有遺漏；另一方面，能讓沒有經驗或是剛加入的同事也能很快進入狀況。這個表格公司負責人不需要確認所有事情，而是由中階專案設計師執行，並讓設計助理落實所有細項，透過分層管理與前中後的時序原則精確落實設計。

SOP 與專案管理及成本連結

執行時序前中後依照 SOP 流程管理不遺漏	接案時依照流程與屋主說明裝修送審 / 流程 / 預算 / 時間
	案件簽訂後建立 Line 群組，資訊同步無縫溝通
	專案執行過程隨時主動向屋主說明相關問題進度，減少認知差距造成後續問題
	工程先行預估成本並請廠商報價，穩定獲利
	精準的流程管理，避免修改造成不必要成本支出
	請款簽核發現異常立即調整報價
組織結構上中下遵循 SOP 步驟輕鬆管理專案	主設計師帶領團隊合作，協同作業經驗不足同事，疏漏可透過 SOP 提醒落實
	同公司依循一致的標準及作業方式
	標準化建立後，組織擴編也能立即調整因應
	隨時更新 SOP 並在第一時間同步分享執行
	不怕犯錯，重點在錯誤後補救
	重視售後服務，將問題立即補正在專案 SOP 執行時解決

最終審核	設計審核	設計師	助理設計	內容
拆除切割				
***	**	*		工程管家需針施工各重要節點"與屋主親切互動"說明
				進場施工
***	**	*		* 原有浴室沒有打掉重作時,更動出入門的位置原則為不得拆除原有門斗.門檻 (防水保固責任考量)
		*		* 注意現場準備滅火器之位置及操作(每天退場應清掃工地)--工地抽菸特別提醒(南港世紀匯案例)
	**	*		* 現場有消防灑水管要告知新進場施工人員消防灑水關閉方式
	**	*		* 告知施工人員現場總水源開關位置以因應警急狀況處置
				* 現場張貼公告說明及要求"每日離場檢查表"落實
		*		* 原建物之窗戶玻璃為有色玻璃要小心,並不得貼紙
		*		* 浴室.廚房壁磚留用空間之天花板拆除應謹慎,以免拆除時刮傷磁磚(尤其非石英磚材質)表面或建議由木工拆除
	**	*		* 因應磁磚加工時間較長應提早挑選磁磚(挑選花磚應特別確認及出貨時花磚跟素磚比例)
		*		* 進場時拆除打鑿處之排水孔先以"布"塞住才得以拆除施工
		*		* 進場時拆除先關閉總水源才得以拆除施工
				* 拆除關水時要注意是否關到非當戶之總水閥(尤其總水閥在室內浴室上方之高樓層住宅)
				* 浴室拆除原磁磚壁面預計還是貼磁磚時,拆除只需拆磁磚不需見底==泥工陳先生建議
				* 新建案原地磚為拋光磚並設計弧形造型時(通常發生在玄關),則原拋光磚不打除以直接裁切弧形方式施作
				* 不用油性筆書寫
				* 拆下之保留物集中管理(注意拆除時電氣面板要留下,尤其是新成屋)
		*		* 施工空間之非不得已必須使用之"高單價"馬桶建議拆下作保護,待完工後再裝回
				* 高空拋下廢棄物及拆除有危險處需作臨時防護措施並張貼聲明
***	**	*		* 進場拆除有釘天伏之空間時要小心天伏上之撒水頭(***應先關灑水頭水閥***)及消防感應器
		*		* 進場先將原屋況之AC排水做記號並小心注意原有空調排水管
				* 確認原踢腳板拆下是否保留
				* 壁癌部之皮面打除
				* 若外花台不用需拆除或封閉時須先將花台內泥土清出

依照不同進度、工程制定 SOP 表格。表格提供＿演拓設計

Q：雖然公司訂有 SOP 流程，但是照著實行仍然錯誤百出，該怎麼辦呢？

A：這時候需要檢視 SOP 的流程是否切合實際需求，或是有沒有正確、立即的佈達。剛開始創業，問題一直發生是必然，但事情發生時就必須立即檢討並且歸納到 SOP 之中，並且透過會議或任何形式確實、即時的傳達。

專案管理

專案管理幫助團隊在專案中組織、追蹤並執行工作。將專案想像為某種為完成特定目標而進行的一組任務。專案管理可以幫助團隊規劃、管理並執行工作，按時實現專案要求。

SOP

SOP 是 Standard Operation Procedure 的縮寫，亦即「標準作業程序」。將某個事件的操作步驟用標準化方式寫下來，通常用在企業指導或是規範員工的工作內容之上。

PART 2　專案內容控管

照著做一定會

POINT 1

前端客戶接洽需溝通清楚

設計案的專案管理從前端客戶挑選、合約管理、設計、施工到完工、售後服務等，每一個階段都不能馬虎，像是演拓設計提到在接洽客戶時是互相篩選的狀態，利用設計費、工程報價、時程、面談等讓彼此更為了解，從前端就進行管理，確認彼此的契合度，避免後續可能的糾紛，例如因為演拓設計雖有四位獨立接案的設計師，但案量也經常滿載，因此在前端就需要溝通清楚：客戶是否能配合設計師的時間？不能超量接單，否則會導致品質低落的問題發生。

POINT 2

保留調整的退路與時間

因為專案管理執行的是「人」，在溝通與施作的過程中難免有延宕或是意外發生的可能性，因此建議在制訂時要保留可調整的彈性，例如演拓設計的設計約與工程約是分開簽訂，為雙方各留一條後路，避免如果中途溝通不順利卻又得跟著合約進行。此外，因為在施工過程中有很多變數，為了讓落地能夠盡善盡美，在專案管理時，內部驗收會比合約訂定的時間早，約早整個工期的 1/6 左右，保有調整、修改的彈性。

演拓設計簽約前說明書

以下訊息非常重要，故特別提醒並請仔細閱讀
同時將會於設計合約簽約前同時簽屬本說明書
若有疑問煩請提出討論，謝謝您的理解

壹、 原則

一、 請房屋所有人向社區管理單位申請裝潢裝修管理規章及辦法，以了解相關設計施工規範及後續工作須注意配合部分

二、 本案為了符合法規及居家安全必須申請室內裝修及送審（裝修送審是無限期追朔）

三、 日後之提案若經室內裝修送審檢討有牴觸裝修法規時，則可能有修改圖面配置可能

四、 非新成屋裝修送審浴室移位需要正樓下屋主簽認，定義說明：
　　＊只有一間完全不檢討
　　＊兩間以上（含兩間）依全部浴室移出超過原有範圍面積 1/2，浴室加大超過原有範圍面積 1/2

五、 為了您健康及低甲醛居家環境並符合環保署空氣品質建議，除甲醛作業為本案必須執行之工作項目

六、 本案配合稅務規定及裝修送審，依法須開立發票（5%營業稅外加）

七、 室內裝修之每坪設計費依合約記載之金額計酬。

八、 工程監造管理費計費依合約記載之金額計酬。

貳、 工程預算建議

一、 不更動浴室、廚房、地坪新成屋，工程預算建議"以　　萬新台幣起算"乘室內實際裝修坪數計算

二、 全裝修更動浴室、廚房、地坪新成屋，工程預算"以　　萬新台幣起算"乘室內實際裝修坪數計算

三、 全裝修之毛胚屋工程預算"以　　萬新台幣起算"乘以室內實際裝修坪數計算

四、 全裝修之中古屋、老屋工程預算"以　　萬新台幣起算"乘以室內實際裝修坪數計算

五、 其他特定案件之全戶裝修費用另提出評估。

六、 若設計要求風格為新古典、法式、美式、鄉村風……等，則因建材風格之故，將有工程預算增加的情況。

七、 若為退休長青宅案件,則工程預算至少增加 10%

POINT 3

發包異動、採購資訊須正確即時

專案控管最大的目的是在於讓整個專案流程順暢，並且確保公司的利潤，因此在專案內關乎金錢的發包管控就相當重要，會計報表上常發現實際發生的直接成本和設定的標準成本有很大的差距。實際成本高於標準成本時，代表營運上有耗損，而實際成本低於標準成本時，則意味著有偷工減料的可能。理想的發包採購制度設計，不應是一味的降低直接成本，而是透過採購資訊的正確性與即時性，避免資訊不對稱所產生的營運風險，並且藉由簽定完整的契約與定期審視，避免交易後的各種不確定性所衍生的成本如錯誤修改、資訊不對稱、品質認定差距等風險。

POINT 4

工程控管應有日報表，並採取階段性驗收

在工程管控的環節上，每個案件開工後都應有施工日報表，負責組別也必須彙整工地現場照片，而每個階段的工程進度輔以文字搭配圖製工程日報表提供給業主，有利對方了解個案的工程進度。工程需採取階段性驗收，例如泥作完成驗收沒問題後，才接著木工進場，不能因為時間緊迫就直接跳過驗收，而最終總驗收則是會做到初驗、複驗，並且切記在客戶驗收之前內部一定要先點過一次，確認無誤後才交由客戶驗收，當客戶看完現場若提出改善處，則應拍照上傳，並提供會議紀錄讓客戶確認。

Q： 在設計案的過程中，如果設計師遇到與業主不平等的狀態，該怎麼設立停損點與結束關係？

A： 演拓設計認為公司負責人可加入所有案件群組，達到監控與提醒的目的，並可以利用團體力量，到達節點時其他設計師進入案件中與屋主互動，除了旁觀者清能提供意見外，也更好推動案件進行。

專案風險管理

專案風險指專案中任何可能出錯的事項，如超出預算或錯過截止日期。專案風險管理是在專案開始執行前辨識風險，盡可能加以預防的做法。

PART 3 結案後的資料整理

照著做一定會

POINT 1
結案流程

結案流程主要目的在確保專案最後被確實驗收，同時相關的結案工作被有效完成，包含：審核及準備結案、完工驗收、產出及文件移交、合約及行政結案、結案後檢討改善等。設計案結案的工作一般由專案設計師及案件相關人員分工負責，並由主管負責指導及審核動作。結案後的檢討改善的事項依狀況列入公司的SOP 章程之中，能提供後續的專案參考，並融入專案計畫當中，才能使結案動作發揮成效。

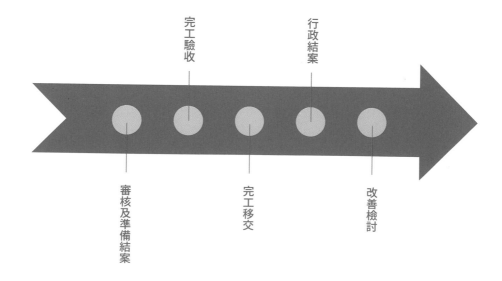

POINT 2

結案後統一儲存

設計案結案後的圖面與資料都是日後參考的重要依據，應該要妥善保管處理，以確保文件檔案在「存放、搜尋、查閱及取用」上的方便性、即時性及安全性。尤其是設計案多為設計師一條龍負責到底，每個人的設定與存放並不一定，因此建議設計案結案之後根據 SOP 章程統一進行歸檔整理，例如存放在公槽或是雲端上，其他人透過權限也能進行觀看，避免人員異動資料再也找不到資料的狀況發生。

POINT 3

結案後統一由一人管理

演拓設計提到公司設有「居家服務管家」這個職位，其必須參與交屋並接手所有的完工資料，至此專案設計師下崗改由居家服務管家繼續所有交屋後續活動。這個職位的設立是因為室內設計公司是 100% 的高價訂製服務，口碑行銷十分重要，無論是回頭客或是客戶介紹熟人都有賴於完善的售後服務，有了居家服務管家，除了能提供統一的服務，也能避免人員異動、時間久遠資料遺失或是不同人个同調等問題而忽略了客戶服務。

POINT 4

善用數位系統管理資料

專案管理工具是一種獲得明晰度且與團隊彼此連結的可視化方式。以往管理資料多數為紙本傳遞、簽核，中間因為轉交多人常會有所遺漏，當時代進步，許多數位工具能在專案過程中進行統整資料或是達到全體佈達的效果，如工作流程看板、甘特圖與行事曆等，同時這些也都有利於結案後的資料整理。此外，現在有許多設計公司也會研發自己的 ERP（企業資源規劃）系統，期望讓整個專案流程更為順利。

經營 Q&A

Q：別的設計公司的客戶總會介紹親戚熟人，只有我得每天辛苦開發新客戶，爲什麼？

A：除了檢討前期的溝通、設計、施工有沒有到位以外，結案後提供售後服務，繼續與客戶保持聯絡也十分重要，做生意還是要做回頭客最爲輕鬆，這就需要重新審視結案後的資料整理與專人管理是否做得周全。

經營專有名詞

甘特圖

甘特圖（Gantt Chart）爲 1910 年由亨利・甘特（Henry Laurence Gantt）提出，經常於專案管理使用，可以清楚了解每項任務的開始時間、所需時間及結束日期。

ERP（企業資源規劃）系統

企業資源規劃系統（Enterprise Resource Planning，簡稱 ERP）是整合了企業管理理念、業務流程、基礎數據、人力物力、電腦硬體和軟體於一體的企業資源管理系統。

行銷規劃與操作

室內設計師最好的行銷，永遠是自己所設計的空間，如何讓自己的作品被看見，是所有設計人的期待。而想要突破既有圈層、擴大顧客範圍與層級就要設定目標、投放行銷預算，並針對各種媒體的特性和生態加以佈局，才能帶來預期中的陌生客，進而讓案源變廣。

重點提示

Part1　**行銷前的思考。**行銷是為了讓別人認識你，思考自己有哪些優勢？要對誰說？怎麼說？這些都關係到品牌定位、市場區隔和目標客群。詳見 P156

Part2　**官網設計與紙本、電子媒體投放。**透過官網搜尋或媒體報導，可發散傳播力量，讓設計作品被更多人看見，並擴大知名度和提升形象，進而帶入陌生客。詳見 P160

Part3　**如何操作自媒體社群（YT 頻道、粉絲團、部落格）。**自媒體的特性在於主動發聲，可和目標業主溝通品牌定位，也可策略性的投放作品或進行觀念溝通，提升粉絲追尋與黏著度。詳見 P164

Part4　**透過不同行銷手法創造案源。**由於室內設計的交易金額高、交易次數少、成品標準化程度低，必須積極建立、維護顧客關係，並且用不同行銷手法創造案源。詳見 P168

怎麼會這樣？

隨著自媒體崛起，小美不禁苦惱應該選擇經營哪一個社群平台？畢竟公司剛成立，人手不多，而行銷預算也很有限，不禁思考是否要找專業的行銷人才架構網站進行管理？還是把省下的人事成本，投放其他媒體廣告宣傳？

i 室設圈｜漂亮家居總編輯　張麗寶

1 找通路要評估媒體發展階段。隨著數位科技發展，室內設計的新興媒體越來越多，選擇通路必須評估媒體所處的發展階段，且是否有持續創新，因關係到投入的行銷成本、競爭者和行銷效益，否則若只聽信媒體業務推銷而不斷加碼廣告，可能導致財務危機。

2 媒體互搭可把陌生客變粉絲。自媒體的經營就是化「被動」為主動，但切記只有把進入自媒體的受眾留下成為粉絲，才能被追尋，而非只是短暫停留。此外，經過媒體報導或投稿行銷所引入的陌生客，也可留在自媒體持續溝通，有助提升成交率。

呈境室內裝修設計總監　袁世賢

1 以口碑行銷四方法持續發酵。為擴展商空設計案源，透過口碑行銷持續在圈層發酵，首要講究的就是設計要認真做，其次讓對方感覺設計師有為他著想，再則扮演溝通、整合、協調者的角色，最後則是口語的表述能力。

2 自媒體著重溝通設計的態度。積極規劃自媒體，以社群平台維持公司的質感與品質，同時為建立品牌價值，於行銷內容加入「態度」論述，闡述設計師對設計的態度，談論深度美學或藝術，以避免閱讀疲乏，從而提高品牌的辨識度。

PART 1　行銷前的思考

照 著 做 一 定 會

POINT 1
了解市場和消費者需求，找出核心競爭力

室內設計產業愈趨成熟，在供給大於需求的市場中，如何進行有效的行銷，必須先定位，才能切中目標。也因此，先透過對外部環境的調查與瞭解，包括產業市場狀態和消費者需求，例如針對市場的發展階段，或消費者需要的服務，找出仍具有發展潛力的空位；再者，利用 SWOT 分析回頭檢視內部資源，包括自我的優勢和劣勢的評估，進而透過威脅點和機會點的交叉分析，找出自我企業的核心競爭力，才能找到對外訴求的方法與重點。

SWOT 分析表

POINT 2

依據目標客群確定主要市場

所謂行銷策略就是以目標顧客爲目標，適時、適地的提供設計及服務資訊。所以目標顧客需要什麼？會出現在什麼時間？什麼地點？就很重要。室內設計分爲住宅設計和商業空間二大類，前者爲Ｃ端消費者，後者爲企業組織的Ｂ型客戶，如果公司兩者皆有進行，在行銷規劃上則可先依據自己的專長特色，選擇其一爲主力發展，因爲目標客群和需求不同，成本結構也有很大差異，若同時開展活動，需要花費不少的時間與費用經營，建議選定主要市場擬定行銷策略才能快速地達到效果。

POINT 3

分析過往客群，針對主要顧客提出行銷方案

區隔市場之後，可再細分客群屬性，以選擇人數最多、或購買意願最高的群體，作爲行銷的目標客群，例如住宅設計，有豪宅、小宅、老屋翻新等，可依據過往客戶圈出主要客群，並針對這些客群提出相應的行銷策略，商業空間也可聚焦熟悉的產業，如針對地產樣板屋和實品屋，提出精準的行銷策略。

行銷 **4P**

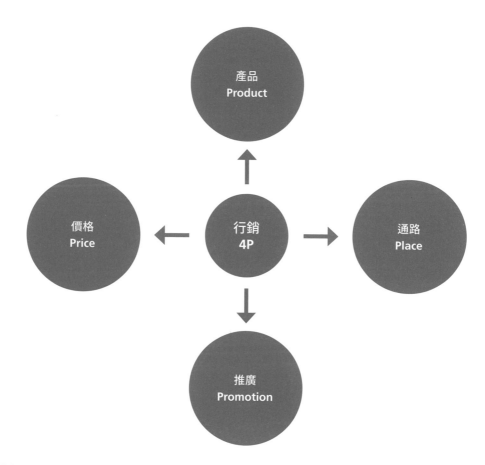

POINT 4

以 4P 解鎖資訊不對稱，讓目標消費者買單

室內設計產業的獨特之處在於創意設計、美感品味和服務品質等，加上工程的複雜度、品質的認知度都有相當高的資訊不對稱，為了讓消費者認識與了解，最終讓業主買單，就需要透過 4P 的行銷功能來解鎖，也就是產品（Product）、價格（Price）、促銷（Promotion）、地點（Place），才能進一步擬定行銷策略。例如主打飯店式風格住宅，可鎖定經常出國的商務人士，自然定價也不低，但會採取物超所值為促銷手段，同時選擇以大眾消費者可接觸的行銷通路進行對話溝通。

行銷思考

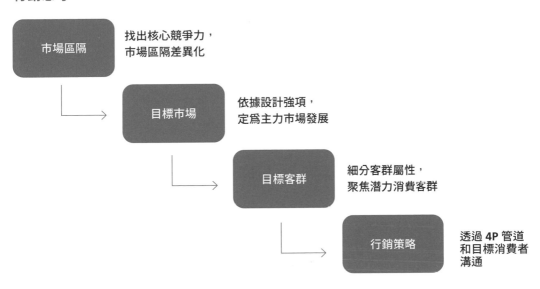

市場區隔 — 找出核心競爭力，市場區隔差異化

目標市場 — 依據設計強項，定爲主力市場發展

目標客群 — 細分客群屬性，聚焦潛力消費客群

行銷策略 — 透過 4P 管道和目標消費者溝通

經營 Q&A

Q：爲何花錢投放廣告，卻沒有明顯的效果？

A：投放廣告之前，必須先瞭解媒體的特性和受衆年齡屬性，是否符合公司的目標客群和廣告內容，當然好的作品也是重要因素。再者，室內設計的預算金額不低，消費大衆必須透過長期觀察才能選擇，因此廣告投放更要有策略規劃。

Q：有的媒體帶來很多案源，但客層卻參差不齊？

A：主動行銷要先定位目標市場，就是爲了切中目標客群，瞭解他會出現在甚麼媒體？他需要甚麼？然後精準提供設計資訊，才會帶來心目中的案源。否則就算案源很多，坪數和預算與公司預想差距過大，若照單全收只會增加人手，反而吃掉利潤。

 **PART 2**

官網設計與紙本、電子媒體投放

照著做一定會

POINT 1

官網設計攸關使用者體驗，可建立企業形象

4P 的 Place 即指行銷通路，當消費者習於透過網路搜尋公司產品和服務時，Facebook 只能傳遞零星資訊，要認識整個企業品牌仍有賴於官方網站，包括設計風格和接案流程等，都是企業形象的延伸，可增加信任度與好感度，因此建議在公司草創時期就進行官網的建立。不過，官網的內容和設計牽涉到使用者體驗，若網站加載時間超過 5 秒，或在 30 秒內無法瞭解重點，訪客即易放棄離開，影響到 SEO 搜尋引擎優化排名。此外，納入行動裝置，讓人手一機和平板也可快速搜尋，提高官網的能見度，進而帶來商機。

POINT 2

積極投稿吸引媒體報導，可獲公關免費宣傳

公司初創階段多用關係帶入案源，但客層較易受限，要「破圈」就須尋找新的通路，例如透過媒體的報導，不論成熟的紙本媒體或新創的網路平台，都可藉由傳閱的力量提高知名度，甚至擴展到海外。但要吸引媒體報導就要創造價值，具新鮮感、獨特性和影響力等亮點，例如投報國際獎項的得獎作品、指標性的設計案、或獨樹一格的新作發表等，都是媒體的注目方向，建議可以精美照片和文字說明積極投稿，此外，平常用心於自媒體經營（官網、Facebook、Instagram 等），並配合媒體議題策劃提供協助都能提高刊登機率。

POINT 3
結合多元媒介靈活運用，廣告公關雙管齊下

隨著室內設計產業的興起，相關媒體也紛紛成立，尤其在數位浪潮之下，紙本媒體開始轉往網路發展，兩岸各有新興的網路平台竄起，對於積極進軍國際的公司而言，更有助快速建立知名度打入當地市場。室內設計公司的行銷通路大致分為六類，一是室內設計專業媒體：以室內設計專業為主要報導內容，如台灣的《i室設圈｜漂亮家居》、《室內》，以及大陸的《id+c室內設計與裝修》等；二為室內設計平台：主要在媒合設計師和大眾消費者的網站和APP，如台灣的《設計家》，以及大陸的《騰訊》、《新浪》等；三是大型入口網站：室內設計為其中頻道，如台灣的《Yahoo》、大陸的《網易》、《騰訊》、《新浪》等；四是電視影音頻道：以影像內容為主，包含傳統電視節目和網路影音；五是自媒體：主要以設計公司的社群經營為主，除了官網外，台灣多使用部落格、Facebook、Instagram、Line等，而大陸則是微信號、微博、博客等；六為搜尋引擎，台灣以Google為主，大陸則為百度。

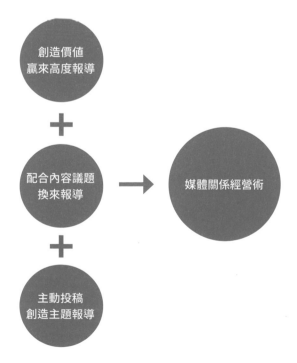

POINT 4
依據策略投放預算，刊登廣告化被動爲主動

透過媒體刊載而擴散的宣傳效益可分爲被動性和主動性，被動性屬於公關行銷，能否發佈端賴於媒體需求；而主動性爲廣告投放，必須撥出行銷預算購買媒體版面，也就是設計公司可依據品牌行銷策略，尋找適合的媒體特性而刊佈廣告，或配合媒體的議題或廣告企劃而擴大報導，吸引讀者關注，如採取報導式的置入性行銷，可降低商業色彩，於無形之中灌輸品牌意識，增加對企業的好感而成爲潛在客戶，甚至進一步搜尋網站深度瞭解，逐步成爲忠實的追隨者。

Q：如果有經營粉絲頁，還需要設立官網嗎？

A：有的設計師會把 Facebook 粉絲專頁當作官網，但官方網站可以完整傳遞企業的核心價值和品牌故事，也可以把設計案作更完整的曝光，並透過精美的設計編排，塑造品牌風格，更重要的是詳載服務流程，可增加訪客的聯繫意願。

Q：以前投放廣告有效，爲何漸漸不見效果？

A：投放廣告若是依據過去經驗，只要有效就一直投入預算，但過於集中在單一平台，其實並無行銷策略可言。一剛開始會有效果，可能是平台剛崛起，設計師進駐有限，但等到大量設計公司投入時，也就淹沒在網路紅海了。

Q：如果不缺客源，還需要投放行銷預算嗎？

A：就算平日案量不少，但室內裝修市場競爭只會越來越激烈，需要透過媒體通路突顯品牌特色，讓消費者看到企業創新獨到的核心競爭力，以藉此累積粉絲級的死忠業主，又可減少接案的溝通過程，降低交易成本。

SEO 搜尋引擎優化

由於網站上架的內容成千上萬，爲了幫助訪客找到「眞正需要的資訊」，就要透過搜尋引擎，而這又牽涉到網站架構、網站內容、網站連結等因素，必須透過關鍵字、目錄、標題等方法，才能提高把「把客戶帶來網站」的機會。

置入性行銷

置入性行銷是將企業想要宣傳曝光的產品或服務，以毫無所察的方法融入媒體原有的運作，讓閱聽受衆於潛移默化之中，加深企業品牌的印象，具有「快速」與「高接受度」的優勢。

PART 3

如何操作自媒體社群（YT 頻道、粉絲團、部落格）

照著做一定會

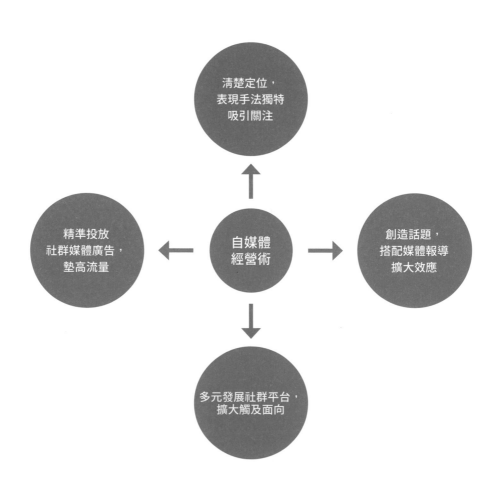

清楚定位，
表現手法獨特
吸引關注

精準投放
社群媒體廣告，
墊高流量

自媒體
經營術

創造話題，
搭配媒體報導
擴大效應

多元發展社群平台，
擴大觸及面向

POINT 1

品牌定位導向，以獨特表現手法提高差異化

若不想等待媒體報導，或無行銷預算投放廣告，就要深度耕耘自媒體，透過作品照片和文字說明，展現設計的能量。但要引起粉絲關注，一定要在品牌定位之下，策略性的投放作品，加上獨特的表現方式，如放大細節的攝影手法，搭配有意思的文案，呈現出一貫的品牌調性，進而引發受眾對生活空間的想像。也難怪有的自媒體經營還邀請知名攝影師或專業文案操刀，或設計者深諳作品亮點而親自剪輯編寫，藉以突顯品牌風格。

POINT 2

創造話題擴大媒體效應，圈粉不同族群關注

要在自媒體製造聲量，持續經營的「話題」是一大挑戰，除新案上稿之外，可搭配媒體報導和具有高度的設計大獎作品，提高知名度，以吸引國內外的業主。特別是 B 端商空案，可隨設計餐廳酒店的知名度上揚，吸引媒體報導或相關產業圈層的注意。若有設計運動品牌的旗艦店或百貨專櫃，也可吸引熱愛運動人士的關注，即使是短期存在的建案樣品屋，也可透過自媒體持續曝光而延長壽命。

POINT 3

精準設定社群和投放廣告，堆疊墊高網路流量

在數位世界裡，網路流量等同於知名度，而數據流量必須經過堆疊，依現行網路的演算，流量與搜尋機率成正比；也就是自媒體需要靠流量的累積，雖然各大平台都有其商業演算方式，但當自媒體已經成為室內設計公司行銷的標準配備之下，品牌想要迅速冒出市場，仍要精準設定社群媒體和投放廣告，才會有高效的行銷效益，創造高粉絲量。

POINT 4
不同平台各有特性，多元發展擴大觸及面向

隨著數位工具發展，自媒體平台也走向多元化，表現的形式從文字、圖片到影像一應俱全，且各有不同特性。部落格和微博適合長篇文章，Facebook 和微信以分享生活短文見長，Instagram 以照片吸人眼球，YT 和抖音雖時間長短不同，但都是透過動態影音吸睛。雖然不同社群自媒體的受眾年齡層略有差異，但消費大眾取得資訊管道複雜，要經營自媒體就不能只侷限於特定平台，必須多方觸及擴大打擊面，才能被更多人看到。

Q： 自媒體需要不斷上稿，但初期作品不多怎麼辦？

A： 創業初期若受限於案量不足，可透過表現手法調整，如以單張取代整案的曝光方式、以拍攝細節呈現特殊質感或美感，也可分享提案過程和 3D 設計圖，即可技巧性迴避新創公司資源有限的困境。

Q： 經營自媒體，要如何讓粉絲不離不棄的追隨？

A： 自媒體是設計師表演的舞台，憑藉的是作品和服務，但一般粉絲只停留在關注層面，且不只關注一位，因此要培養忠實粉絲就必須有更強大的信仰和堅持，如分享設計細節或是工程知識等吸引粉絲緊緊跟隨。

經營專有名詞

自媒體、社群

自媒體是指一般社會大眾皆能透過社群平台發表訊息，從而展現出自媒體的特色。而社群平台是指相近興趣或關注相同議題的一群人所聚集的地方，如 Facebook、 Instagram 和微博等，也因社群易於分享，更易傳遞品牌形象與建立忠誠度。

YT 頻道

YT 即指 YouTube，是透過 Google 的 Gmail 進行申請，只要擁有 Gmail 帳號都可以進 YouTube 開啟創作者功能，設置頻道。有的電視媒體也會在 YouTube 開設頻道，隨時更新設計作品，提供裝潢資訊等。

網路演算

網路演算法就是人在電腦中設立的一套完整公式，透過一連串的指令和動作程式，讓電腦去執行並用於解決「什麼樣的內容觸及到什麼樣的觀眾」，而無論 Google 搜尋引擎，或臉書、推特等社群平台，內部都有專屬設定的一套演算法。

PART 4　透過不同行銷手法創造案源

照著做一定會

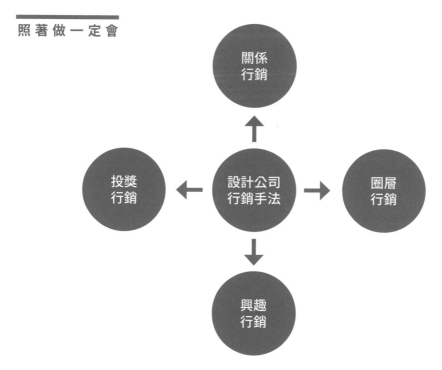

POINT 1

關係行銷：著重售後服務，連結業主創造價值

建立顧客關係既有前端的案源開發之外，也有完工後的售後服務，如以延長保固年期限的差異化，提高業主的好感度而推薦新客；或提供施工圖，以因應家庭成員增減而有後續改建的依循，讓舊客回流而創造案源。甚至基於設計師與業主已建立信任關係，提出讓頻率相近的新客參觀實景裝修，同時規劃交屋聚會，如同另類的交誼平台，可為屋主們創造商業合作的機會，從為業主創價而再深化關係，自然也增加介紹新客源。

POINT 2

圈層行銷：經營特定圈層，以創新服務拉緊業主關係

室內設計本是服務業，本質在於服務和解決業主的問題，若能做到讓業主有超乎預期的高滿意度，無疑就是建立顧客關係的最好時機。特別是住宅設計，能解決居住空間的痛點，必然創造舊客帶新客的良好循環；而商業空間如果能利用設計為業主帶來生意營收的附加價值，更能拉緊業主的關係，例如零售商場案，透過設計整合品牌，強化辨識度而增加獲利，將靠業主吃飯的關係，轉變為業主靠他吃飯，自然會再回報更多的案源。

POINT 3

興趣行銷：以興趣經營社團，打造個性空間更具帶客力道

有案源才有設計作品，有作品才能進行行銷，和消費者溝通。因此，最重要的是要瞭解和誰建立關係，而這也決定了室內設計公司的產品特色和多元化的程度。換言之，在建立顧客關係之前，必須先設定目標客群，並排出優先順序，以提供有效的行銷訊息。例如依據自己興趣經營社團關係，無論是運動愛好、音響品味、藝術鑑賞或收藏紅酒等，都可以專屬的個性空間打造為主軸，更具帶客力道，或許是小眾市場，卻也是市場缺口。

POINT 4

投獎行銷：投報設計大獎，建立產業鍊關係並延伸新客

若想擴展海外市場，投報具有產業高度的設計大獎是建立知名度的最佳管道，不僅高度肯定設計能力，也可吸引媒體追逐報導，擴大宣傳效益。但一般設計公司只重視得獎光環，卻忽略頒獎典禮後的聯誼活動，若能和上下游的產業鏈進行名片交換建立關係，如齊聚一堂的建材、設備和傢具等廠商，即可評估組成策略聯盟，透過其關係而延伸客源。此外，藉由參與當地設計協會的活動，不僅可瞭解在地市場的操作方式，也能透過產業鍊的串聯，間接帶來案源。

經營 Q&A

Q：長久經營顧客關係，也要特別獨立部門嗎？

A：建立良好的顧客關係不只是為了衍生案源，透過相關部門的成立，可以站上第一線確立屋主的需求，過濾接案的繁雜事務，讓設計師更專注於設計本質，並可納入客戶滿意度調查，評估服務流程改善細項缺失，藉以提升服務品質。

Q：執行關係行銷法，一定要送禮和應酬嗎？

A：有的設計公司不喜應酬、不靠人情，寧可單純為設計理想和品牌特色而做。其實顧客關係是創意行銷的一環，可集結經典作品出版，邀請客戶和媒體舉辦新書發表，或以藝術博覽會連結私廚品味，為高端客戶營造出席的尊榮感。

經營專有名詞

關係行銷

關係行銷是為了留住客戶所進行的行銷方式，讓他們可以重複購買產品，但目的並非只為銷售交易，而是以持續服務的管道，保持良好的互動關係，建立對品牌的忠誠度，從而擴大影響力，長期建立品牌形象。

痛點分析

找出目標客群，雖然可根據他們的需求和興趣等面向，提供產品和服務，但最直接有效的方法是切中他們的痛點，也就是用設計可以他們一直懸而未決的問題，例如動線改變或漏水問題等，創造獨到的品牌價值。

品牌創建與經營

與其他行業在創業時就先抵定品牌與經營策略不同，在小型設計公司階段，設計師重心多放在拓展案源，但當有一定規模要在市場上競爭，就要為自己找到有利的位置，打造差異化的品牌特色，提高消費者的辨識度。而建構品牌之後，還要塑造品牌、傳播品牌並設定經營策略，是一項繁複而重大的工程，必須嚴謹管理進行優化。

重點提示

為什麼需要創建品牌。創建品牌不只是讓作品被看見，還要被辨識，而且不只是創造忠誠客戶，還能吸引優秀人才並培育出忠誠的員工。詳見 P174

品牌特色塑造。品牌若無特殊之處，無法讓人產生記憶點，即使再多的行銷也無法吸引消費者的目光，但怎樣的特色才會引起關注呢？詳見 P178

品牌擴大與延伸。隨著企業規模擴大，案源觸角愈趨多樣，而為滿足所有客戶服務，品牌將面臨轉型或延伸的可能性。詳見 P182

怎麼會這樣？

小新打從創辦公司開始，就已經有經營品牌的想法，但因為初期無法挑案，只能先累積作品再作調整，但未料案源參差不齊，根本無法突顯自己的設計強項，更不知道未來該如何篩選客戶，才能形塑出自己的品牌特色？

i 室設圈｜漂亮家居總編輯　張麗寶

1 品牌傳遞設計公司核心價值與精神理念。 室內設計公司品牌，傳遞著主持設計師的設計核心價值及精神理念，所以品牌創建之於室內設計公司，不只在於開創業務帶入收益，爲公司吸納優秀人才，同時還能提升消費者對其設計價值的認同，進而降低交易成本。

2 品牌≠行銷，與目標族群有長期連結與溝通。 品牌≠行銷＋銷售，並不是有了企業識別 LOGO 或是花錢打廣告就是在建構品牌，品牌是要有其所要傳達的價值主張，必須與其目標群眾有著長期的連結與溝通，使其因爲認同而改變原本的認知，並具有相當的辨識性，同時也是品質和信譽的保證，屬整體長期策略。

大雄設計總監　林政緯

1 透過數據分析定位品牌個性。 爲將設計專業導向品牌差異化，不斷透過業務和媒體的數據分析、不同階段的市場經驗與調整，以及勇敢的斷捨離，才能精準創造獨有風格，包括媒體行銷和客戶服務等所有細節操作的到位，塑造環環相扣的鮮明品牌個性。

2 貫徹品牌思維俱足產品特色。 大雄設計以建築思維融入空間設計的品牌特色，定位演繹個人化的「訂製宅」。而建築和設計之所以能產生強大的連結，也基於品牌策略的一以貫之，才能對應到同等高度的物件，包括住宅空間、客戶信任和充裕的預算等，都使訂製宅的條件俱足到位。

PART 1　爲什麼需要創建品牌

照著做一定會

POINT 1
開創差異化特色，提高辨識度帶來收益

數位資訊的高度發展，模仿越來越容易，設計作品已經走向均質化，加上室內設計公司如雨後春筍般成立，再好的作品若無行銷，也難被看見。然而，行銷能否成功，端賴於品牌經營，也就是經過市場分析、競爭者分析和消費者分析，進而選定目標市場和目標消費族群，以精準的品牌定位，傳遞自我企業的核心價值、精神理念和產品服務等優勢，與競爭對手形成差異化區隔，提升消費者的辨識度與好感度，以利傳遞行銷訊息，帶來案源收入。

POINT 2
爲品牌注入靈魂，塑造無形的企業文化

「品牌」屬於長期策略，旣不同於短期的「行銷」戰術，亦非業務上的「銷售」。也因品牌傳達的是企業理念和主張，因此開創獨一無二的品牌定位之後，接著要進行品牌塑造，透過視覺包裝讓人產生鮮明的印象，但這絕非只是炫人耳目的LOGO設計，而是要為品牌注入靈魂，也就是凌駕於產品之上的價值、文化和風格，對外不僅和目標客群進行長期的溝通與連結，進而吸引業主，也能吸納優秀人才進入公司，塑造獨特的組織文化，是企業重要的有形和無形資產。

POINT 3

因應公司策略，B 端和 C 端品牌經營重點不同

品牌既是企業整體的價值主張，自然與公司的策略有關，必須先確定是消費者品牌還是行業內品牌？消費者品牌為 C 端的住宅設計，行業內品牌則為 B 端的商業空間，可說牽動目標市場的選擇與經營重點，例如消費者品牌因針對大眾消費市場溝通，就要讓消費者從芸芸眾多產品之中快速辨識到自己的品牌特色，行業內品牌則著力於特定產業的開發，可參加相關的組織協會、或透過特定的人脈圈層直接觸及企業客戶。

POINT 4

因應產業環境變化，定期檢視品牌進行優化

儘管品牌為長期策略，但品牌也會老化，必須回應環境的變化，如因應產業在形成、發展、成熟和衰退等不同時期的變化而有所調整。尤其在數位工具的推波助瀾之下，環境變化速度之快，品牌若無法及時調整，即會加倍老化的速度，因此品牌經營者必須要時時檢視環境變化，以進行品牌優化。例如以「飯店風」為精緻住宅的品牌定位，即需順應消費者端對於空間質感的重視，以及科技化的設施管理等，才能穩住精緻好宅設計的品牌地位。品牌優化六步驟如下頁。

品牌優化六步驟

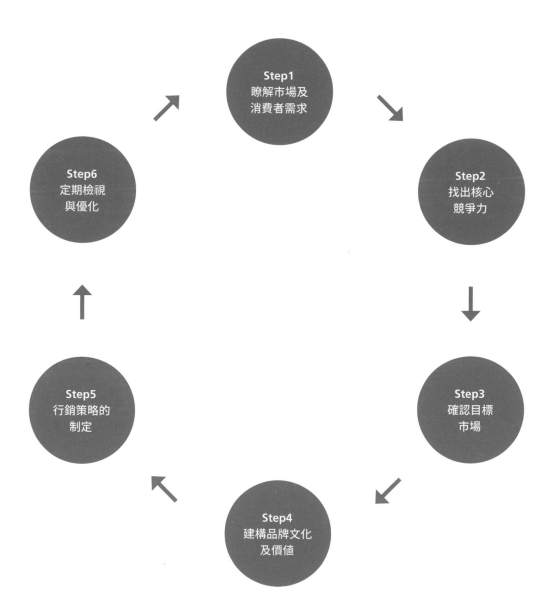

Step1
瞭解市場及
消費者需求

Step2
找出核心
競爭力

Step3
確認目標
市場

Step4
建構品牌文化
及價值

Step5
行銷策略的
制定

Step6
定期檢視
與優化

Q：公司一成立就要建立品牌嗎？

A：建構品牌是企業的重大工程，需要時間的累積和持續的優化，才能精準定位。雖然攸關企業長遠的發展，但業務拓展的腳步不能等，因此在創辦初期可先採取行銷策略，以帶入案源為重，等基礎穩固後，再進行完整的品牌思考。

Q：何時建構品牌才是最好時機？

A：在小型設計公司階段，重心應放在拓展案源，才有作品讓人看見，同時為提高知名度，可先經營自媒體或參加設計競賽。但同時也要多方嘗試尋求品牌定位，可適度犧牲利潤，以策略性接案實現產品的獨特性後，才有條件建構品牌。

Q：品牌建構完成後，就不能再修改嗎？

A：公司在成立之初，多少都有品牌定位的思考，但隨著客源案量越來越多元，經驗曲線的判斷、導入市場的測試，加上競爭環境的變化，品牌經營也面臨轉型的可能，必須歷經一次次的取捨調整，品牌策略才能真正到位。

經營專有名詞

品牌與行銷

品牌是指企業提供具有辨識度的產品或服務，和競爭者有所區隔，因而使消費者對企業存有獨特形象，也因為是品質和信譽的保證，屬整體長期策略；行銷則是短期戰術，目的在於有效率地傳遞產品特色，進而提高銷售目的。

品牌差異化

企業為打造競爭優勢，必須具備差異化，成為別人所沒有的品牌特色，包括產品差異化、服務差異化、品牌形象差異化，其中又以品牌形象差異化最為關鍵，必須透過視覺包裝、廣告和公關等手法，才能向消費大眾傳遞獨特的形象。

LOGO 企業識別

企業要向外傳達形象，必須透過企業識別系統，包括從企業的理念、行為和視覺三大系統的整合，才能一致感受到品牌的獨特性。而 LOGO 商標設計即是視覺系統最重要的一環，能夠清楚傳遞品牌的精神與個性，建立知名度。

品牌特色塑造

照著做一定會

POINT 1
即使定位一種設計風格，也要有差異化特色

要打造品牌的競爭優勢，就要找出自我的強項，塑造為品牌特色，同時又能和競爭者產生鮮明的差異。而一般都以設計風格為品牌特色，但真正的問題在於選定的設計風格是否具有「獨特性」，例如美式風或北歐風，若有曾經在海外生活的經驗，必能體會設計並非元素的拆解，而是氛圍的營塑；換言之，即使設定某一種

風格也要做出差異化，好比鄉村風是否有更到位的軟裝陳設？新古典風可有歐洲藝術的學養背景？這些內蘊其中的特質才能展現與眾不同的獨特性。

POINT 2
設計以外的特殊強項，材質、工法展現專業品牌特色

除了設計是核心產品之外，工程與監管也是設計師應具備的專業能力，雖然未必專精，但一定要有特殊強項，如擅長收納機能、軟裝陳設、或專精微水泥施工、專研木材質等。若特殊專業能力在市場上並無太多競爭對手，卽可以此強項為區隔，但若競爭者眾多，就必須尋找二、三項足以成為品牌特色的元素。例如平面配置雖可掌握到位，但因為很難在第一時間吸引消費者關注，就必須再尋找第二元素，如善於用木作和鐵件搭配的輕工業風等。

POINT 3
挹注無形服務，獨特價值產生品牌記憶點

除了有形的產品之外，無形的服務也可以創造獨特性，亦卽從空間樣貌延伸的附加價值，如運送、安裝、維修、保固等流程，可用延長保固年限提高信心保證，或針對高端市場提供專業的維修團隊服務。此外，也有附加在產品本身的創新服務，如融入風水能量學的住宅設計、整合品牌的商業空間設計等，一併解決業主多方思考的難題。而有的設計公司每一次端出作品都以大器的格局，展現強大的設計創新能量，以首席設計師的個人色彩而引人注目。

POINT 4

專營特定市場，口碑效應快速打響知名度

品牌特色也可標榜特定產業，如專營於餐廳、酒店、診所、百貨專櫃或建案裝潢等商業空間，因設計經驗豐富而產生獨到的設計概念，或因設計出指標性的個案，都可創造口耳相傳的口碑，引起相關圈層的注意，甚至跨案到海外市場；就算遠距接案的資源還不夠完備，也可以顧問角色提供服務。而除商業空間之外，住宅設計也可鎖定特殊的屋型坪數，如將市場細分為小宅或老屋，因必須把注較高的設計專業，加上響亮的口號，就能快速建立知名度。

POINT 5

精準切入痛點，用設計創造價值

抱持同理心找出業主的痛點，透過設計專業加以解決，可打造貼心獨到的品牌優勢。以住宅設計而言，若能為業主解決空間、工程和生活的問題，把懸而未決的長期困擾都全部排除，即可贏得客戶的充分信任。而在商業空間而言，如餐廳，若能先掌握業主痛點：坪效、翻桌率、進出及出餐動線等，藉由設計符合所需，並給予消費者感動體驗，就可幫助業主提升收益，創造獨有的價值。

POINT 6

強化諮詢智庫的角色，提供顧問式服務

為持續擴展特定產業的商空設計案，除提供服務設計外，還要成為業主在專業領域上的諮詢智庫，如在餐飲空間設計後，可整合產品和平面設計，協助業主統整品牌視覺和定位，建立緊密的客戶關係；抑或是在累積足夠的相關設計案後，可陸續出版有關餐飲創業的專書，於無形之中建立商空設計的優勢，強化品牌競爭力。

Q：以單一的設計風格為定位，會失去其他接案機會嗎？
A：其實每一種設計風格都有其市場，若設計師能從個人的設計強項出發，再不斷地精益求精中，創造難以取代的鮮明風格，而更具競爭力。再者，屋主會主動詢問，多數也是依據從媒體看到的作品風格，反而是品牌創造成功的表現。

Q：若不強調設計風格，會不會讓消費者難以辨識？
A：沒有設定風格也可以發展為特色，主要訴求在於客製化的創新服務，以多元的設計風格滿足不同業主的需求，同時強調空間感和質感。然而創新必須對應到客戶，在風格不成為品牌特色時，尋求創新觀念的客戶才能讓設計師盡情揮灑，展現饒富變化趣味的空間概念。

Q：公司若走一條龍服務，是否設計師就代表品牌？
A：若是一條龍的組織架構，由設計師從頭包到尾，客戶容易認人不認品牌，只要設計師離開公司，即易帶走客源，因此品牌經營包含組織的因應，公司發展至中期可轉型為專業分工，讓品牌凌駕於個人之上，公司才得以永續，這也是品牌創建的目的之一。

經營專有名詞

感動體驗
顧名思義是透過感動人心的行銷手法，讓消費者產生共鳴，建立良好的品牌形象。而感動人心可以透過故事創造話題，也可以觸動視、聽、嗅、觸、味的五感體驗，從物質層面的使用昇華為心靈感受，加深品牌的好感。

品牌視覺
是指透過品牌定位，將核心理念和品牌價值等抽象觀念，透過設計轉化為視覺性元素，包括商標、色彩、產品包裝、廣告宣傳、招牌、文件等，都制訂出標準使用手冊，讓消費者能夠快速辨識企業品牌、清楚認知品牌個性。

品牌擴大與延伸

照著做一定會

POINT 1

功能劃分：成立軟裝品牌，搭配設計和工程更具競爭力

隨著案量越來越多，為力求滿足所有客戶的需求，組織越來越具規模，也更加精細化，走向齊頭式的專業分工。特別是在設計和工程二大項目之外，更多了軟裝陳設的需求，因此而設立軟裝部門，甚至延伸成立軟裝公司，打造集團式的副品牌，提供設計、工程和軟裝全方位的一條龍服務，同時也可落實後端採購，使企業規模快速擴增。而這樣集設計、工程和軟裝的集團式經營，較一般軟裝公司更具競爭力。

客戶劃分：集團式概念經營，細分不同業態專業

集團式的概念操作，也可以表現在不同業態的小型設計公司，有專營 B 端市場的酒店和餐廳，也有專做 C 端市場的老屋和豪宅，以不同的客群需求加以區分，建立專屬的服務流程，讓客戶更覺尊寵，從而打造分眾的專業品牌。而儘管轄下分設數家小型公司，但在設計流程上，都是以「商務客服部」為第一線接觸，經篩選客戶和簽訂合約之後，再分別派案給各家設計師負責全案落地。

地區劃分：海外合夥創業，結合不同優勢快速擴展業務

台灣和大陸的業務型態不盡相同，台灣的設計師從頭包到尾，從設計到落地都是一條龍服務，但在大陸市場多區分為硬裝和軟裝公司，分為純設計和承包工程。也因此，在台灣擁有高知名度的設計師或品牌，即有機會獲邀在大陸合夥開設公司，以台灣設計師的名氣為號召，結合當地合夥人的超強人脈，加上境外公司的經營策略，快速擴展業務。在歐美國家也常是循此模式，結合兩地合夥人的不同優勢，建立分公司快速獲取案源。

風格劃分：因應不同設計風格設立副品牌，聯手媒體宣傳

透過合夥的互補分工，無論在作品行銷、設計風格、專業能力和人脈關係都可以相互結合，加快業績進帳的力道，使公司快速成長。當公司發展到一定規模時，由於品牌定位已經深植人心，為切入不同市場，也可以不同設計風格成立新公司，如知域設計在北歐風品牌形象穩定後成立一己空間制作突顯現代風，既可減低品牌轉型的衝擊，又可擴展不同的市場，且可發揮聯名宣傳的媒體效應。

經營 Q&A

Q：如何評估是否要成立分公司或副品牌？

A：隨著公司經營規模擴大，不同的業務型態也有高度的成長時，即可調整公司經營策略。如從設計公司再分支爲軟裝公司，藉以完備室內設計的專業形象，或是依據不同的目標客群而細分產品項目，展現擴大服務的能量。

Q：若成立副品牌，會不會讓消費者混淆不清？

A：基本上，若主品牌定位豪宅市場，而副品牌爲訂製宅市場，即可能傷害到原本的高端客群，鬆動原品牌的忠誠度；但若是訴求客層、風格不同，反而有「一加一大於二」的效果，讓具有同樣屬性的客群有不同的選擇，或是提供不同客層對應服務，更能擴大市場。

經營專有名詞

高端品牌

是以高端市場爲目標客群的品牌，以精緻高質的產品和卓越的品牌形象，吸引消費能力強、追求奢華時尚的族群，且因企業不斷堆疊高端服務的尊寵感，而對品牌具有高忠誠度。

副品牌

當品牌進入成熟期，已經培養忠誠的目標客群之後，若想再往不同屬性的市場發展，就必須成立另一個副品牌，雖然可藉由主品牌的優勢來推動副品牌，但可能因產品、定價和目標客群不同，要如何區隔戰場達成雙贏是一大挑戰。

聯名行銷

指不是單純的品牌和品牌一起出現，而是產品雖然不同，但品牌調性、質感和聲量卻是相當，具有相互拉抬的效果，因此連動各自目標客群的關注，產生品牌的感染力，進而擴大市場。

Plus

公司擴編考驗與如何化解

一般設計師成立公司多半是單打獨鬥，或是一兩個合夥人從設計師基層做起，但隨著公司規模成長、案量增加，人員需求變多，其編制、辦公室座位也開始需要因應調整。此外，生產規模變大，其他地區的業主也登門委託，公司事務越來越多時，每一步都要謹慎思考，且人才難找也難留，以上危機與考驗該如何面對？

■■ 重點提示

(Part1)　**設計公司人員編制。**室內設計公司常見一條龍與專業分工模式，因應擴編，每一種分工方式都有各自的優缺點，及其必須承擔的風險，且會影響公司在未來規模發展的選擇及管理方式，這都是身為經營者必須思考的。詳見 P189

(Part2)　**育才與留才。**當公司擴編成長時，隨之而來的是育才與留才問題，常透過企業願景、薪資、獎金與入股等方式有效留才。詳見 P193

(Part3)　**創新與模組化。**生產規模關係經營成本，但設計又要創新客製化，在公司開始擴編後，如何在品牌獨特性和規格化量產之間取得平衡是最大挑戰。詳見 P196

(Part4)　**跨區接案範圍的思考。**室內設計重視個人訂製服務，而設計落地又需工程端密切配合，因此公司成長擴編後，跨區接案要先考量當地資源的配合，才能維持良好品牌形象。詳見 P200

怎麼會這樣？

根據經濟部中小企業處創業諮詢服務中心統計：「一般民眾創業，99％會在五年內倒閉」，身爲 1% 倖存者的設計公司經營者小明，卻還是每天愁眉苦臉，原來是公司雖然案量不少，但是人才難找難留，異地的工程也進行不順利⋯⋯

剛來半年的設計師把公司資料、客戶都帶走了該怎麼辦？

公司不是一兩年就能建立，且設計公司更是客製化產業，當自身體制夠健全，就不需要擔心公司被擊垮。

專家應援團出馬

演拓設計設計總監　張德良

1 經營者需花費更多心力投身管理之中。 設計公司會面臨到的考驗很多都與公司擴編有關：人才招聘不足、流失的招才、留才問題等，另外，也常因爲擴編管理不善導致獲利降低，這時經營者需要花費更大的心力，寧可減少手頭上的案子，投身管理才能確保公司穩定成長與獲利。

2 儘早購買辦公室，並且預留雙倍座位的空間。 設計公司的經營與選點盡可能以長遠面向來思考，當有能力時建議購買辦公室，因爲設計公司有形象、門面的問題，如果租屋搬遷時，裝修就成爲無效投資。此外，預想人員擴增，購買能擺放雙倍座位的空間，不僅使用上更有彈性，同時也能激勵自我與員工向前邁進。

綵韻室內設計 / 京采室內裝修工程創辦人　吳金鳳

1 公司擴編至 10-20 人後需進行分流。 一般中小型設計公司卓創時期的組織架構，大多數是一條龍執行，從業務、設計到工程、售後全包，但當公司人員擴增到10-20 人時，就必須實施業務職等分流，例如綵韻即因應公司業務，聘請會計、專業估算人員、工程發包預算人員、成立工程公司、獨立軟裝部等，透過細膩專業分工，精準掌握工作進度。

2 設計多元化、調整公司營運與業務方向吸納人才。 想有效留住人才，除了加薪、分潤等留才動作外，綵韻每八年就會調整公司營運方向與業務執行等級，藉由明確企業願景與藍圖，讓有能力的同仁在公司內找到自我發展空間。

日作空間設計總監　黃世光

1 打造浮動平台放手組員磨合。由於日作空間設計組織架構以設計師全包的一條龍爲編制，各隊組之間缺乏互動，因此爲促進群體互動的文化，以容錯的態度打造富有彈性的「浮動平台」，放手讓設計師勇於嘗試，進而透過彼此的互動、撞擊、磨合，逐漸走進頻率一致的節奏。

2 多元活動增進團隊向心力。爲促進各隊組相互學習的文化，所有設計案皆上傳建構「資料庫平台」，任何組員可隨時上網查詢他案；並透過「爐邊談話」，以個人化的問卷設計進行開放式對談，並將尾牙活動打造爲學習之旅，透過外宿出遊，進行深度的情感聯誼，增進團隊向心力。

 **PART 1** 設計公司人員編制

POINT 1
因應擴編選擇一條龍或是專業分工

一般設計公司草創多是一、兩人的個人工作室,然而業務型態的選擇會影響設計公司的設計落地及獲利模式,若是未能在公司成長過程中,依策略目標選擇適合的組織分工,其成長勢必會受到限制。一般來說因應擴編,設計公司會有兩種人員編制方式:維持一條龍模式或是開始進行專業分工。一條龍是指工作採圍繞設計模式,設計深化到發包施工、監工驗收至設計案完成,都由專案設計師負責;而專業分工有依設計項目如設計、工務、軟裝等分項,或是照專業技術如設計、採發、工務、行政等分類。

POINT 2
層次分工策略需清楚,避免影響獲利

當層級增加時,雖然有利監督控制,但也會降低決策時間和速度,當層級愈多時,往往需要花更多精力在行政管理上,進而犧牲了直接生產力。因此當擴編進行組織分工的選擇,必須考慮各種分工的效益與成本之間的權衡取捨。許多設計公司雖然營業額增加或人數擴編,但淨利卻不如從前,這其實是因為沒有意識到組織管理是需要成本,而分工與整合的效率也會直接影響獲利,因此公司的策略、人力資源與專業配置都必須仔細考慮得當。

POINT 3

一條龍需有行政系統支援及適當留才策略

演拓設計成立超過 20 年，員工 16 位，現在設計、工程仍然採取一條龍模式，並設立行政、行銷、軟裝等輔助部門，張德良總監認為，設計師肩負工程工作，較不容易有訊息遺漏或是溝通的問題產生。然而如果設計公司擴編時仍決定採取一條龍模式，絕大部分公司還是會委以設計師報價、議價權責，但所有檢核責任應需由主持設計師擔負，並且建立信任的行政、財務後援系統協助管控，否則很容易因管理不當或是人員流動造成公司利潤損失。而且因為專案設計師短期內即能了解所有流程，如果沒有適當的留才策略，人才流失自立門戶的機率很高。

演拓設計組織樹狀圖

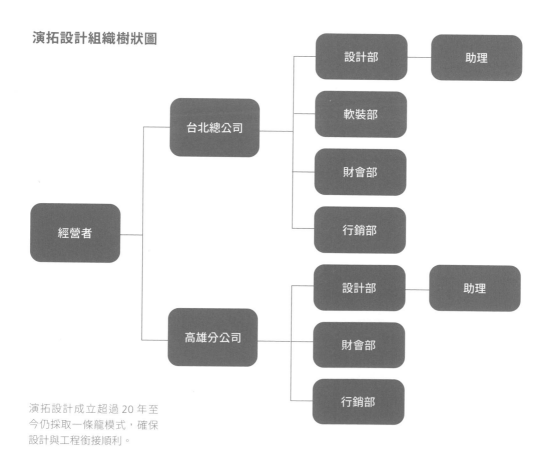

演拓設計成立超過 20 年至今仍採取一條龍模式，確保設計與工程銜接順利。

專業分工初期難實現，但適合留才與永續

雖說設計公司初始多爲一條龍模式，但因應擴編，有許多設計公司會改採取分工方式，依員工個別專長執行業務。例如綵韻室內設計成立迄今 28 年，在人員數達 4 人時，卽聘請會計人員，到 10-20 人則開始依序進行分流，現階段公司則分爲設計部、工務部、行政部與軟裝等部門。專業分工的好處在於當組織持續成長時，不同專才的人都可以在組織中找到可發揮空間，並形成專業共同治理，對於留才與永續經營都有極大助益。然而相較於一條龍型態，專業分工模式在初期勢必要投入更多心力來建構與磨合，這對還在追求業績和作品的初創設計公司而言，除非有經營管理能力的合夥人或是家人協助，否則都較難在小型公司時期就走向團隊分工。

綵韻室內設計組織樹狀圖

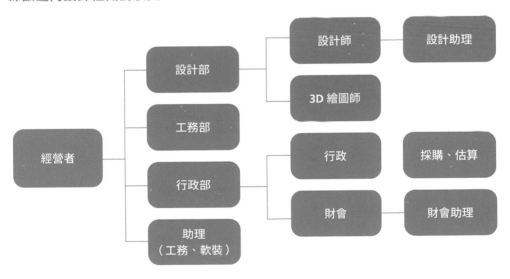

綵韻室內設計成立迄今 28 年，因應業務模式依序進行專業分工，令工作更加精準有效率。

經營 Q&A

Q：公司面臨擴編之際，應該繼續保持一條龍模式或者改為專業分工制呢？

A：每一種分工方式都有各自優缺點，及其必須承擔的風險，同時也影響著公司未來規模發展的選擇及管理方式，這都是身為經營者必須思考的。以本章節的兩家設計公司為例：演拓設計因為目標客群相當在意設計細膩度與服務，因此一直以來都是由設計師一條龍服務客戶，而綵韻室內設計則因常有大型建案委託規劃，更需要專業分工來掌握報價、工期、利潤，這也體現了組織模式取決於公司所需。

經營專有名詞

採發人員

設計公司內的採購發包人員不只要熟悉設計及工程，且對於數字要非常敏銳，這類人才不一定是設計或工程出身，但需要會看圖並懂得計算，對於發包流程及業務都要很熟悉，多是由財務或行政轉職，經營者必須有意識去挖掘及培養。

育才與留才

POINT 1

透過人才區分給予培訓及引導

人才需要經過有系統的培育，才能展現相應價值及與公司同步的理念，而室內設計從設計到落地，需要的不只是專業還有經驗，在設計公司人才培育最好即是「師徒制」，也就是由公司有實戰經驗的員工、主管或老闆本人進行指導，然而教人有方法，還需要懂得因才施教。《設計師到 CEO 經營必修 8 堂課》一書建議將人才區分為初階及進階，依指導四進程方法—指示→教導→委任→支持，初階人員重指示及教導、進階人員則從委任、支持給予不同輕重的培訓及引導。

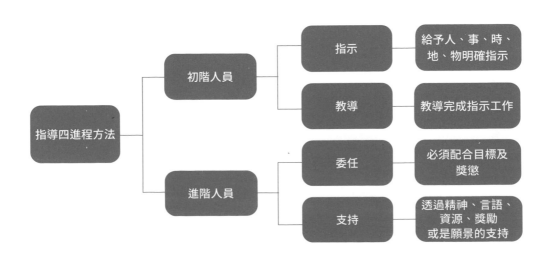

POINT 2
教育計畫、看展旅遊培育人才，提升創新力

隨著公司的成長，當然也會希望員工的能力也能一併跟上，而這些不是喊喊口號就能一簇可及，還需仰賴公司的育才計畫，例如提供延續而有制度的教育訓練，像是定期請廠商、講師開課，並且在制度之外提供一定的彈性，支持員工進修、考取證照等。而除了專業知識訓練外，增進視野也可以打破原有的設計框架，安排看設計展、旅遊或是住五星級飯店等，可以在回饋同事辛勞之餘又能提升創新力。

POINT 3
針對中高階員工分潤達到留才效果

許多公司為了留住人才，會採取發放獎金的方式，但這種方式雖然可以延長留才的時間，卻無法真正留住人才，因此當公司獲利成長時，可以考慮讓中高階員工參與分得公司的盈餘利潤，不同於一般年終或績效獎金，分潤是股份公司在盈利中每年按股票份額的一定比例支付給投資者的紅利，雖然員工不是投資者也沒有股權，但若能讓員工清楚公司盈餘關係自身收益，對於中高階主管具有一定的留才效益。

POINT 4
建立設計師合夥制度，長期培育菁英不流失

為避免設計師出走帶走客戶，也可建立培養設計師為合夥人的留才制度，亦即以股權分享，把晉升管道拉高到合夥人的最高層級，以鼓勵發揮最高的熱情和戰鬥力，持續不斷地創造績效，一起擴大事業版圖。另外，隨著公司跨區發展，也可以合夥方式徵詢內部設計師回鄉設立分公司的意願，或在當地找到有經營意願且有案源的合作夥伴，但重要的設計核心仍然放在總部，可透過數位工具進行遠距管理。

Q：人才難留，考慮採用分權入股的方式留住員工，會有什麼風險嗎？

A：分權入股是設計公司常用的留才策略，入股後員工與公司共同承擔損益與經營成敗，同時因入股產生決策參與權，讓員工更認同公司，因此離職率也會降低，但對於經營者而言，股權會被稀釋，自然也會影響經營權的掌控，且股權一旦釋出，不可任意收回，若與員工非和平分手，離職時很容易產生股權糾紛，建議訂定入股與回收制度避免日後問題。

經營專有名詞

盈餘分潤

盈餘分潤指的是公司當年度稅後利潤的分配，一般都屬股東權益，較少分配於員工。但有些設計公司會根據當年度盈餘狀況，分潤給予有功的員工，提高其熱忱及生產力。

PART 3 創新與模組化

照 著 做 一 定 會

POINT 1
因應擴編創新也該擴大

創新是企業競爭力最重要的來源，在現代競爭激烈的商業環境中，唯有不斷的創新才能保持領先的優勢。而在室內設計公司中，主持設計師常包辦了整個公司的設計創新，但當公司擴張，創新不應該永遠仰賴單一設計師的才華奇想，建議透過講座及課程進修，更有邏輯性的強化創新能力；內部則可或是建立腦力激盪的制度，讓創新不只維繫在主持設計師或某個明星員工身上。

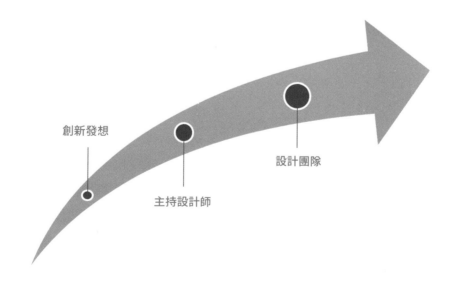

創新發想

主持設計師

設計團隊

POINT 2
由行銷、提案、流程、落地發想創新

室內設計公司成長除了設計以外，其它部分也要具備創新力，因為設計創新雖可引領趨勢，卻也是最容易被複製追趕，然而若是能跳脫於材質、形式、工法等的設計創新，而從更廣的行銷、提案、流程、落地等別於設計的環節開始發想，反而更能拉開與競爭者的差距，搶奪先機。

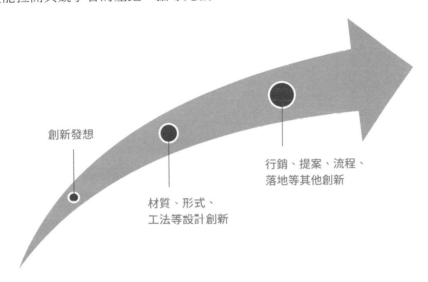

創新發想

行銷、提案、流程、
落地等其他創新

材質、形式、
工法等設計創新

POINT 3
在毋須差異化的環節，以模組化降低成本

雖然品牌必須有差異化的特色才能產生辨識度，但要獨特就要創新，而創新需要開發成本，尤其室內設計講究客製化，設計和工程都無法量產，不僅成本高而限縮產能，公司規模也很難擴大。隨著公司的擴張成長，其實並非所有環節都要與眾不同，在不需要差異化的地方若能模組化，經過重複經驗的運作，也可減少錯誤和時間耗損，例如色彩、軟裝搭配模組等，打造相似風格，同樣突出公司品牌形象。

POINT 4

模組產品要設計研發，更要符合趨勢換新

模組化亦非一成不變，通過每年的流行趨勢而加以汰換更新，永遠展現出符合時尚潮流的設計美感，這些也都是透過設計師組成的研發團隊，才能創造的模組設計能量，是別家所沒有的獨特性，反而如同客製化，突顯僅此一家的品牌特色。而據此建立的產品資料庫，更有利於為業主提供多元化選擇，並可藉此瞭解客戶的屬性與偏好，精益求精改善產品，可說通過經驗曲線帶來更高的效益。

POINT 5

與工班合作投資工廠，提升整體工程效能

透過模組化的技術累積，也可以穩定品質，特別是木作為室內設計的重要工程，若設計公司因應擴編成長案量龐大，可進一步思考和工班合作的意願，一起投資開設木作工廠，將所有木作工程都移至工廠施作，不只櫃體桶身可以模組量產，又可解決木作限時限地的問題，促使現場其他施工更具效率，提高整體效能。而木作工廠也不只接自家設計的工程，亦可整合產業鍊發展代工，另創其他收益，一舉數得。

Q：爲了設計無可取代，所有環節都要與衆不同嗎？

A：有的公司爲了堅持創新，認爲作品不該重複設計元素，但不斷嘗試使用新材質和工法，不僅增加成本，也易拖延交期而引起紛爭，反倒損害品牌形象。其實，若能縮小範圍焦聚區隔市場，用創新做出市場差異化，會更具效益。

Q：如何讓模組成爲品牌的辨識度？

A：如同每月一次的創新分享會，模組也成立研發團隊，甚至將模組分類分工進行，分別提出新觀點、新材料和新的組裝手法，並針對問題點提出新方案，進而透過年年的推陳出新，不斷改版升級，提供設計師挑選符合預算的模組。

經營專有名詞

客製化

由於空間設計必須依據業主需求，包括所有家庭成員對生活空間的期待，甚至無法察覺的心理層面等，都要透過近距離日常觀察，才能用設計專業加以溝通和解決，可說是高度客製化，專爲業主量身訂做的居住空間。

模組化

空間設計雖是客製化產品，有些設計手法、元素和材質卻可以通用，好比每個家庭都有的櫃體收納需求，可透過模組化大量生產再加以組裝，不僅降低製作成本，也可縮短工期、提升施工效率，同時兼顧整體的設計感。

PART 4　跨區接案範圍的思考

照著做一定會

POINT 1
創業立基點在於案源，可城可鄉但要特色

案源是公司經營的命脈，而都市化越高的地區越需要室內設計，除了較認同設計價值且有設計付費的觀念，因此創業多選在經濟高度發展的一線城市，但相對競爭也較激烈，必須要有差異化特色，才能讓別人看見你。不過，在數位化發展趨勢下，城鄉距離已經拉近，可選擇較冷門的縣市創業，不僅競爭者少，較易突顯品牌特色，甚至能成為當地指標設計公司，使周邊縣市的業主聞名而來，帶動更多的案源。

POINT 2
跨區遠距接案，先確保在地資源的完整性

品牌管理不能疏忽任何細節，而設計要落地必得仰賴工程，加上工期長細節多，設計和施工之間更要有近距離的嚴密協調和管控。但隨著案源增加或知名度提升，接案區域將向外延伸擴展，人力支援的距離也就成為最大的難題，包括設計師監管和工程發包等。即使業主可自行管理工程，也最好將發包管理列入服務項目，以託管方式達成落地實現，或與當地施工隊組成策略聯盟，或是在當地組建專屬的工程隊等，但需先經過訓練，才能確保各地的施工品質。

跨區邁向海外，建立分公司注重媒體行銷

在數位工具的助攻之下，大量資訊將帶來無限商機，引起國際客戶的關注。若是經營企業組織路線，一般都是追隨業主擴展業務而進入大陸市場，但也有設計公司觀察到海外市場擁有雄厚的發展潛力，而主動進軍開發。但為服務好客戶，要有設立分公司的規模考量，以及建構完備的工程隊資源，讓設計和工程管理都能落地實現。而海外市場更重於品牌推廣，應強化媒體行銷，大力提升知名度，才能穩固海外發展。

設定接案區域的思考策略

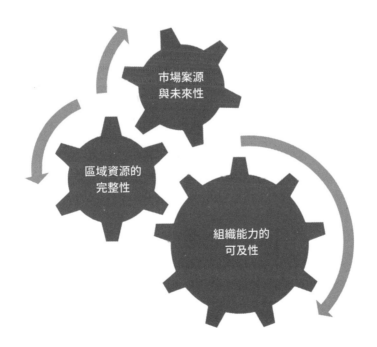

POINT 4
因應跨區接案策略，在地組織化更接地氣

跨區接案也要兼顧組織管理的能力，如果有在地化的深耕經營策略，即可選擇以合夥方式，讓組織在地化。例如尋求內部設計師返鄉服務的可能性，或另選當地有經營意願的合作夥伴成立分部或是分公司，將權力下放到地方，培養專屬的設計師和固定工班，不僅可減少遠地往返支援的各種成本支出，服務客戶也更接地氣，又可深入經營在地的人脈，真正地打入當地市場。

經營 Q&A

Q：接案區域來自各地，應如何取捨？
A：接案區域範圍的思考，主要在於距離上的管理效益，一方面既反應出不同地區的異質性，除評估工程資源外，也應評估是否符合品牌定位；二則突顯組織管理的應用幅度，思考是否有必要增加營銷成本，擴大成立分公司的經營規模。

Q：成立分公司，可以因地制宜改變品牌定位嗎？
A：品牌經營必須一以貫之，即使跨區到不同城鄉風貌，有不同的經濟水平和消費習慣，但品牌定位、調性和文化仍須維持一致，就算訴求的設計風格不同，也應秉持同樣的設計理念和品牌價值，只是行銷策略可因地制宜而調整。

工程專有名詞

工程託管
設計公司只做純設計，或是區域範圍過廣無法親自執行，而委請當地工程隊執行落地。

在打算創業之前，為了了解自己是否已經準備完善，建議可以撰寫創業計劃書協助釐清創業的方向與目標、了解市場現況、清楚自己的優缺點、提升創業團隊的共識，同時也能以此計劃書招攬合夥人或是作為貸款、尋找投資方的基石。創業計劃書分為五大部分，以下是撰寫的指引與方針：

第一部分：業務描述

寫作指引：

主要撰寫開室內設計公司的宗旨，以及主要發展目標和階段目標。

◎ 公司概況、營運及財務狀況。

◎ 介紹投入設計的人員以及資金計劃及所要實現的目標。

一、基本資料

Part1 基本背景：公司名稱、主要產品、地址、員工數、經營型態

Part2 自有資金：生財器具、自有財產

Part3 貸款用途：資本支出、週轉金、（貸款具體用途）

二、營運狀況

說明設計服務特點及現有或潛在客源，例如擅長大坪數或老屋翻修、餐飲空間等空間類型。

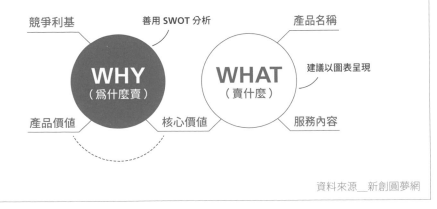

資料來源＿新創圓夢網

資料來源＿新創圓夢網

第二部分：產品與服務

寫作指引：

需將自己設計服務作介紹，並提出經營計劃。

一、產品與服務內容

二、營運模式

第三部分：市場策略

寫作指引：

介紹公司所針對的市場、行銷策略、競爭環境、優劣分析等。

一、市場特性與分析

二、SWOT 分析

三、行銷策略

第四部分：財務計劃

寫作指引：

可提供過去三年的歷史數據及往後三年的發展預測。

◎ 主要提供過去三年現金流量表、資產負債表、損益表、年度財務總結報告書。

◎ 列出您的投資計劃、融資需求、自有資金佔比及貸款資金來源。

◎ 達到盈虧平衡所需的投入、時間。

◎ 有能力且合理的還款計劃。

第五部分：結論與投資效益

寫作指引：

將整個營運計劃做一個總結，並將企業的效益及風險列出。

◎ 將整體營運計劃做總結。

◎ 闡述說明企業的經濟或間接效益。

◎ 企業營運中潛在的風險評估及對策。

一、營運計劃結論

二、效益說明

三、潛在風險

IDEAL BUSINESS 029

室內設計公司創業計劃書

12 個計劃，42 個經營要項，step by step 帶你成功開業

作者	i 室設圈｜漂亮家居編輯部
責任編輯	許嘉芬
執行編輯	張景威
文字採訪	張景威、邱建文、曾家鳳、Cheng、Acme
封面＆版型設計	莊佳芳
插畫	黃雅方
內頁排版	Pearl、Sophia
編輯助理	劉婕柔
活動企劃	洪擘

發行人	何飛鵬
總經理	李淑霞
社長	林孟葦
總編輯	張麗寶
內容總監	楊宜倩
叢書主編	許嘉芬

出版	城邦文化事業股份有限公司麥浩斯出版
地址	104台北市中山區民生東路二段141號8F
電話	02-2500-7578
傳真	02-2500-1916
E-mail	cs@myhomelife.com.tw

發行	英屬蓋曼群島商家庭傳媒股份有限公司城邦分公司
地址	104台北市民生東路二段141號2F
讀者服務電話	02-2500-7397；0800-033-866
讀者服務傳真	02-2578-9337
訂購專線	0800-020-299（週一至週五 上午09:30-12:00；下午13:30-17:00）
劃撥帳號	1983-3516
劃撥戶名	英屬蓋曼群島商家庭傳媒股份有限公司城邦分公司

香港發行	城邦（香港）出版集團有限公司
地址	香港灣仔駱克道193號東超商業中心1樓
電話	852-2508-6231
傳真	852-2578-9337
電子信箱	hkcite@biznetvigator.com

馬新發行	城邦（馬新）出版集團Cite（M）Sdn.Bhd.（458372U）
地址	41, Jalan Radin Anum, Bandar Baru Sri Petaling, 57000 Kuala Lumpur, Malaysia
電話	603-9056-8822
傳真	603-9056-6622
E-mai	services@cite.my

總經銷	聯合發行股份有限公司
電話	02-2917-8022
傳真	02-2915-6275
製版印刷	凱林彩印股份有限公司

版次	2023年8月初版一刷
定價	新台幣550元

Printed in Taiwan　著作權所有．翻印必究
（缺頁或破損請寄回更換）

國家圖書館出版品預行編目(CIP)資料

室內設計公司創業計劃書：12個計劃，42個經營要
項，step by step帶你成功開業/i室設圈｜漂亮家居編
輯部作. -- 初版. -- 臺北市：城邦文化事業股份有限公
司麥浩斯出版：英屬蓋曼群島商家庭傳媒股份有限公
司城邦分公司發行, 2023.08
　　面；　公分. -- (Ideal business)
ISBN 978-986-408-955-0 (平裝)

1.CST: 創業　2.CST: 室內設計　3.CST: 企業經營

494.1　　　　　　　　　　　　　　112010877